THE SPACE ENVIRONMENT
LE MILIEU SPATIAL

REPORT ON THE SURVEY MEETING
OF INFORMATION ON THE SPACE ENVIRONMENT
PARIS, 27 SEPTEMBER 1963

ORGANIZED BY THE INTERNATIONAL ACADEMY OF ASTRONAUTICS
AND THE INTERNATIONAL ASTRONAUTICAL FEDERATION
WITH THE SUPPORT AND COOPERATION OF UNESCO
AND THE SCIENTIFIC COOPERATION OF COSPAR

EDITED BY

PROF. DR. A. EHMERT
MAX-PLANCK-INSTITUT FÜR AERONOMIE
LINDAU / HARZ, GERMANY

WITH 59 FIGURES

1964

SPRINGER-VERLAG
WIEN · NEW YORK

Special edition of "Astronautica Acta"
Vol. X, Fasc. 1, 1964

ISBN-13: 978-3-7091-5481-6   e-ISBN-13: 978-3-7091-5479-3
DOI: 10. 1007/978-3-7091-5479-3

Titel Nr. 9125

Contents

Acknowledgement

The decision to hold a review meeting devoted to "Recently Acquired Knowledge of the Space Environment" was taken by the Board of Trustees of the International Academy of Astronautics at its second session, at Varna in September 1962, following a proposal by Professor A. EHMERT. It was agreed that the meeting should be directed mainly to inform scientists and research workers in the applied and engineering sciences.

The International Astronautical Federation, with which the Academy is linked organizationally, joined in the sponsorship of this Symposium and contributed to its success. The support and cooperation of UNESCO and the scientific cooperation of COSPAR were secured also and were greatly appreciated.

An Organizing Committee was composed as follows:

Chairman: Prof. A. EHMERT, Max-Planck-Institut für Aeronomie, Lindau/Harz, German Federal Republic;

Members: Dr. HERBERT FRIEDMAN, Naval Research Laboratory, Washington, D.C., U.S.A.;

Prof. V. I. KRASSOVSKY, Institute of Atmospheric Physics, Moscow, U.S.S.R.;

Prof. Sir BERNARD LOVELL, Nuffield Radio Astronomy Laboratory, Jodrell Bank, U.K.;

Prof. MARCEL NICOLET, National Center for Space Research, Brussels, Belgium;

Prof. MAURICE ROY, President of COSPAR, Paris, France.

Dr. FRANK J. MALINA, Vice-President of the Academy who succeeded Dr. THEODORE VON KÁRMÁN as President upon the latter's death in May 1963, guided the work of the Committee.

The meeting was held at UNESCO House in Paris, on 27 September 1963, during the XIVth International Astronautical Congress. The six papers comprising the present volume were given.

While recognizing the success of the meeting was due largely to the work of the Organizing Committee and the valuable assistance given by Dr. MALINA, particular gratitude is expressed to the authors for their excellent, condensed presentation of available information on the present state of research in space physics and the needs for development in this field.

C. Stark Draper

President of the
International Academy of Astronautics
Massachusetts Institute of Technology
Cambridge, Massachusetts, U.S.A.

Le spectre UV et X des étoiles

Par

E. Schatzman[1]

(Avec 24 Figures)

Il est bien connu que l'atmosphère terrestre absorbe le rayonnement ultra-violet et X qui provient du Soleil et des étoiles. Les molécules d'ozone, d'oxygène, d'azote, d'oxygène atomique, absorbent le rayonnement UV et X, et seul le rayonnement X commence à être perceptible vers 90 kilomètres d'altitude. On peut voir sur la Fig. 1, tirée de l'article de DE JAGER du Handbuch der Physik, de quelle façon varie le pouvoir de transmission de l'atmosphère terrestre avec l'altitude. Ce n'est guère qu'à partir de 160 km que l'on peut espérer observer aisément le rayonnement de courte longueur d'onde.

Cependant quand il s'agit des étoiles, d'autres limitations interviennent; la matière interstellaire absorbe le rayonnement ultra-violet et X, et il convient de déterminer dans quels domaines spectraux l'observation est possible, et, dans chaque domaine spectral, jusqu'à quelle distance on peut espérer déceler les étoiles.

Le principal constituant de la matière interstellaire est l'hydrogène. L'étude de la raie 21 cm de l'hydrogène au moyen de la radio astronomie nous donne des indications sur l'hydrogène interstellaire, et, au moyen d'un modèle de la galaxie, nous permet de trouver la distribution de l'hydrogène atomique dans la galaxie. KERR (1962) suppose que le soleil est à 8200 parsecs du centre de la galaxie. Dans un système d'axe tournant d'un mouvement circulaire uniforme autour du centre de la galaxie, le Soleil s'éloigne du centre à la vitesse de 7 km par seconde et tourne avec les autres étoiles. Enfin, le gaz interstellaire possède, en plus de son mouvement de rotation, avec une vitesse dépendant de la distance au centre de la galaxie, un mouvement d'expansion de 7 km/sec à la distance du Soleil, de 62 km/sec à 3000 parsecs de la galaxie.

Avec ce modèle, KERR obtient la distribution de l'hydrogène interstellaire reproduite Fig. 2. Dans ce modèle, les bras de matière interstellaire sont presque circulaires, et il n'est plus guère possible de dire s'ils s'ouvrent dans le sens de la rotation ou en sens contraire.

En s'éloignant du plan galactique, les couches d'hydrogène neutre sont optiquement minces pour la raie 21 cm et il est possible d'obtenir aisément le nombre d'atomes d'hydrogène dans la ligne de visée.

Sur la Fig. 3, on obtient le nombre d'atomes d'hydrogène dans la ligne de visée en multipliant les nombres de l'échelle par $2 \cdot 10^{18}$.

Le coefficient d'absorption à 912 Å, à la limite du continu de LYMAN, est très grand: l'épaisseur optique, pour 10^{18} atomes d'hydrogène par centimètre carré est 6,4, correspondant à un facteur de transmission de l'ordre de $2 \cdot 10^{-3}$.

[1] Centre National de la Recherche Scientifique, Institut d'Astrophysique, Paris, France.

Même dans la direction du pôle, on trouve l'épaisseur optique 1 à une distance de 1 parsec, en supposant une densité d'hydrogène de 0,05 atome par centimètre cube.

Le coefficient d'absorption décroit avec la longueur d'onde et, quand on arrive au domaine des rayons X mous, l'hydrogène est à nouveau transparent. L'épaisseur optique unité est atteinte à une certaine longueur d'onde, qui dépend de l'épaisseur d'hydrogène, et l'on a la relation suivante:

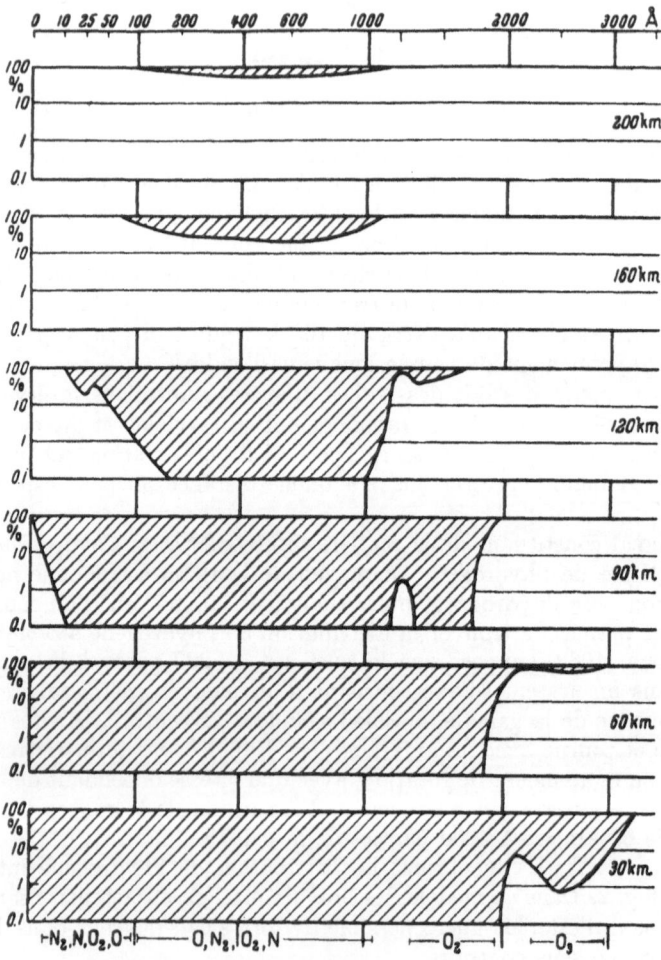

Fig. 1. Logarithme du facteur de transmission pour différentes altitudes
(d'après DE JAGER, Handbuch der Physik, Solar System)

Tableau I

Nombre d'atomes par cm² (en 10^{18})	Longueur d'onde pour laquelle l'epaisseur optique est égale à un (H atomique et Hélium)
1	350
2	300
4	240
8	180
16	140

Dans le plan galactique, l'extinction par l'hydrogène atomique est considérable, et pour voir jusqu'à 10 parsecs, il faut descendre au-dessous d'une longueur d'onde de 90 Å.

Au-dessus de 912 Å, la seule extinction importante est celle due à la raie Ly α. On peut donc dire qu'à l'exception du domaine voisin de Lyman Alpha, le milieu interstellaire est transparent au-dessus de 912 Å et que, au-dessous de 912 Å, il faut arriver au domaine des rayons X pour espérer recevoir du rayonnement des étoiles.

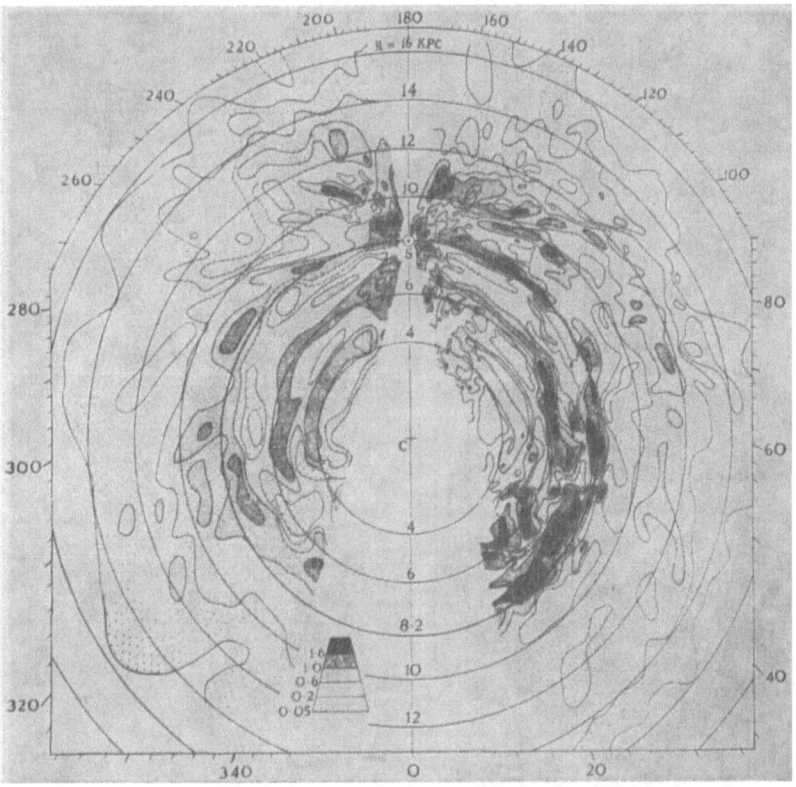

Fig. 2. Distribution de l'hydrogène neutre dans la galaxie, d'après KERR, basée sur un modèle impliquant à la fois la rotation et l'expansion (unité: 1 atome par centimètre cube)

Les étoiles présentant comme le Soleil, une forte émission en Ly α peuvent être vues malgré l'extinction à 1215 Å, à condition de n'être pas situées trop loin: les ailes de la raie Ly α peuvent être visibles, et COOK (1963) a calculé à quelle distance du centre de la raie l'extinction par l'hydrogène interstellaire est 1/2 ou 1/20 (Fig. 4). Seules les étoiles situées dans la direction du pôle (b>40°) et à moins de 6 parsecs ont quelque chance de pouvoir être observées en Ly α.

Bien que des observations aient déjà été faites dans les domaines UV et X, il est utile de faire quelques prédictions sur ce qui est susceptible d'être observé; en même temps, cela permet de préciser l'intérêt de ces observations.

Le Soleil, dont la surface est à une température d'environ 4800° est entouré d'une chromosphère plus chaude et d'une couronne dont la température est

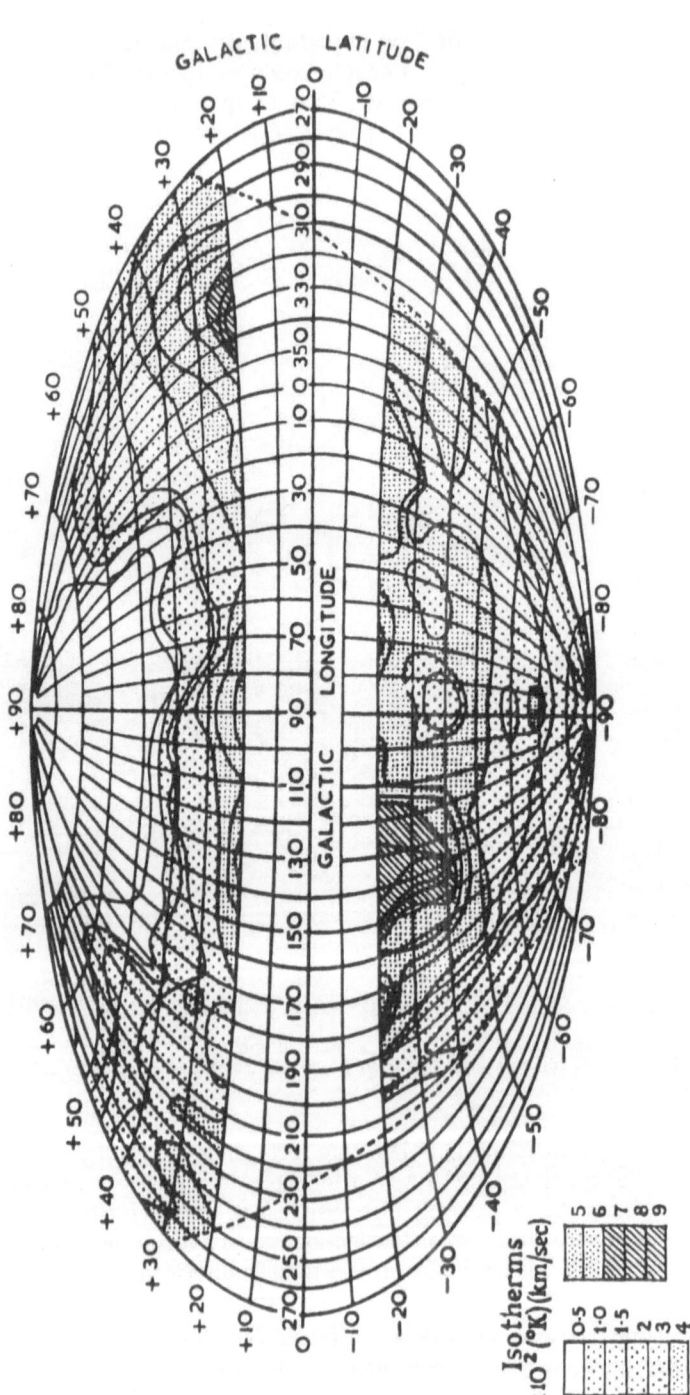

Fig. 3. Température d'antenne d'après Erickson. Helfer et Tafel. On obtient les nombres d'atomes d'hydrogène sur la ligne de visée en multipliant les nombres portés sur les isothermes par $2 \cdot 10^{18}$

d'environ un million de degrés. Le rayonnement qui nous vient du Soleil comprend le rayonnement de la photosphère, qui est un rayonnement continu sillonné de raies d'absorption, et les raies d'émission de la chromosphère et de la couronne. En raison de l'activité solaire, le rayonnement de la chromosphère et de la couronne est variable.

Le rayonnement des étoiles comprend, de la même façon, le rayonnement

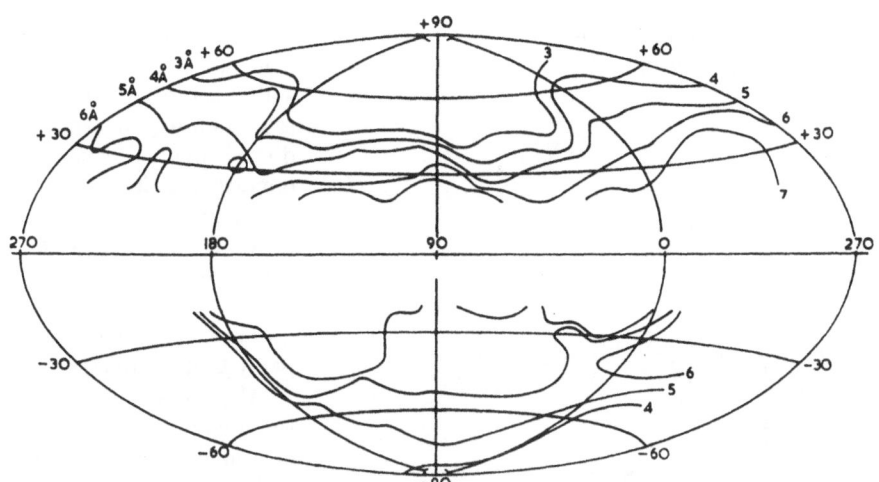

Fig. 4a. Demi largeur de la raie Ly α pour une intensité restante $(T/T_0) = 1/2$

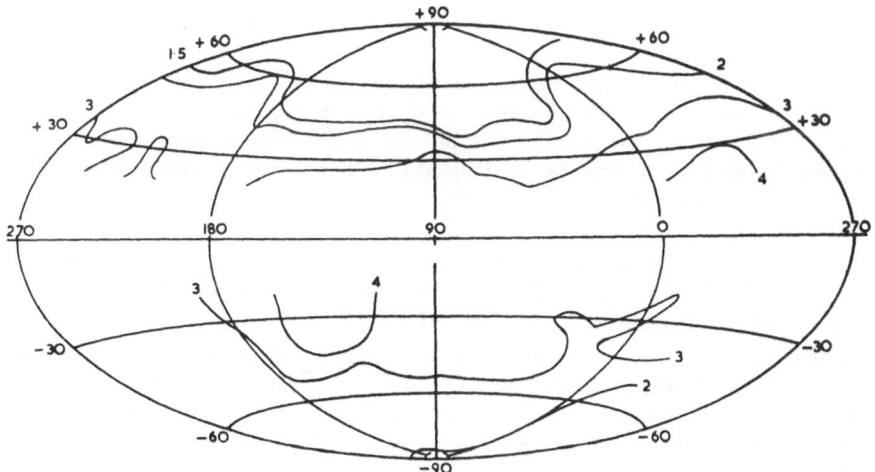

Fig. 4b. Demi largeur de la raie Ly α pour une intensité restante $(I/I_0) = 1/20$, d'après Cook

de la photosphère, le rayonnement de la chromosphère et de la couronne, si elles existent, et le rayonnement dû à des phénomènes d'activité analogue à l'activité solaire.

Le rayonnement de la photosphère stellaire est d'autant plus intense que la température est plus élevée: la fraction du rayonnement de l'étoile émis dans l'UV est d'autant plus grande que la température est plus élevée. On prévoit donc en premier lieu la possibilité d'observer dans l'UV, pour des longueurs d'ondes supérieures à 912 Å, des étoiles très chaudes.

Toute prédiction précise est difficile, pour des raisons que nous allons exposer.

La prédiction du spectre ultra-violet des étoiles repose sur la théorie du transfert du rayonnement, qui elle-même dépend de notre connaissance des corps absorbants dans les atmosphères stellaires.

Dans les étoiles chaudes, et dans les conditions de l'équilibre thermodynamique, les principaux absorbants sont l'hydrogène atomique, l'hélium neutre, l'hélium ionisé. Un effet important est dû à la diffusion de la lumière par les électrons libres, et il faut également tenir compte de l'absorption par les métaux. C'est sur cette base qu'un certain nombre de modèles d'atmosphères stellaires ont été étudiés et qu'ont été calculés les flux sortant. C'est ainsi que la Fig. 5 donne, en unités arbitraires, le flux émergent de l'étoile ζ Persei étudiée par Cayrel (1957).

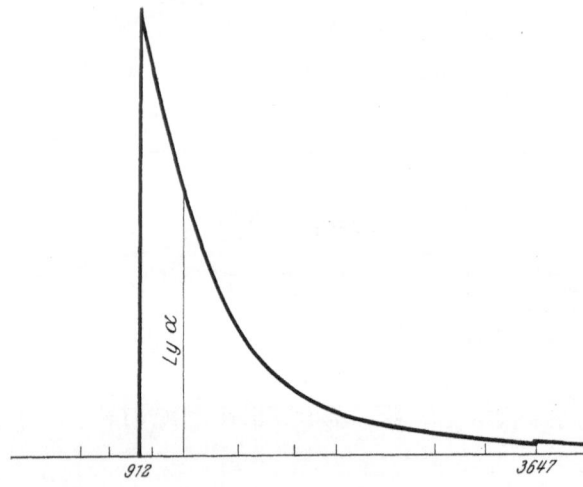

Fig. 5. Spectre théorique de ζ Persei, d'après Cayrel

Cependant aux difficultés techniques du calcul des modèles d'atmosphère, s'ajoute l'incertitude où nous sommes en ce qui concerne les absorbants présents dans les atmosphères stellaires. Dès les premières observations au moyen de fusées, des différences importantes ont été constatées entre les prédictions et les résultats de mesure. On comprend dès lors l'intérêt d'une table comme celle de Davis (1956), qui au moyen d'une hypothèse extrêmement simple sur la température de surface a calculé la magnitude ultra-violette (pour $\lambda = 1249$ Å) pour un certain nombre d'étoiles. Davis se limite aux étoiles les plus brillantes dans le domaine UV et obtient ainsi une liste de 218 étoiles. Cette liste n'est, naturellement qu'approximative, mais donne une idée de ce qu'on peut espérer observer en fusée (Fig. 6). La liste ne comprend que des étoiles de premiers types spectraux, et principalement des étoiles de type B.

La chromosphère et la couronne solaire, étant à une température supérieure à celle de la photosphère solaire, un mécanisme de chauffage doit être présent, capable d'élever la température cinétique des particules au-dessus de la température du rayonnement photosphérique. Le chauffage est dû à la dissipation en chaleur de l'énergie mécanique transportée par des ondes de différentes sortes, produites dans la zone convective sub-photosphérique. L'existence d'une chromosphère et d'une couronne est intimement liée à la présence de la zone convective. Or toutes les étoiles de type spectral plus avancé que F 2 possèdent une zone convective, et l'on doit donc s'attendre à trouver une chromosphère entourant les étoiles plus froides que le type spectral F 2. Une preuve de l'existence de cette chromosphère peut être trouvée dans l'observation des raies H et K du calcium (Fig. 7) par Wilson et Bappu (1957).

Le profil de la raie s'explique parfaitement bien par la théorie de l'émission

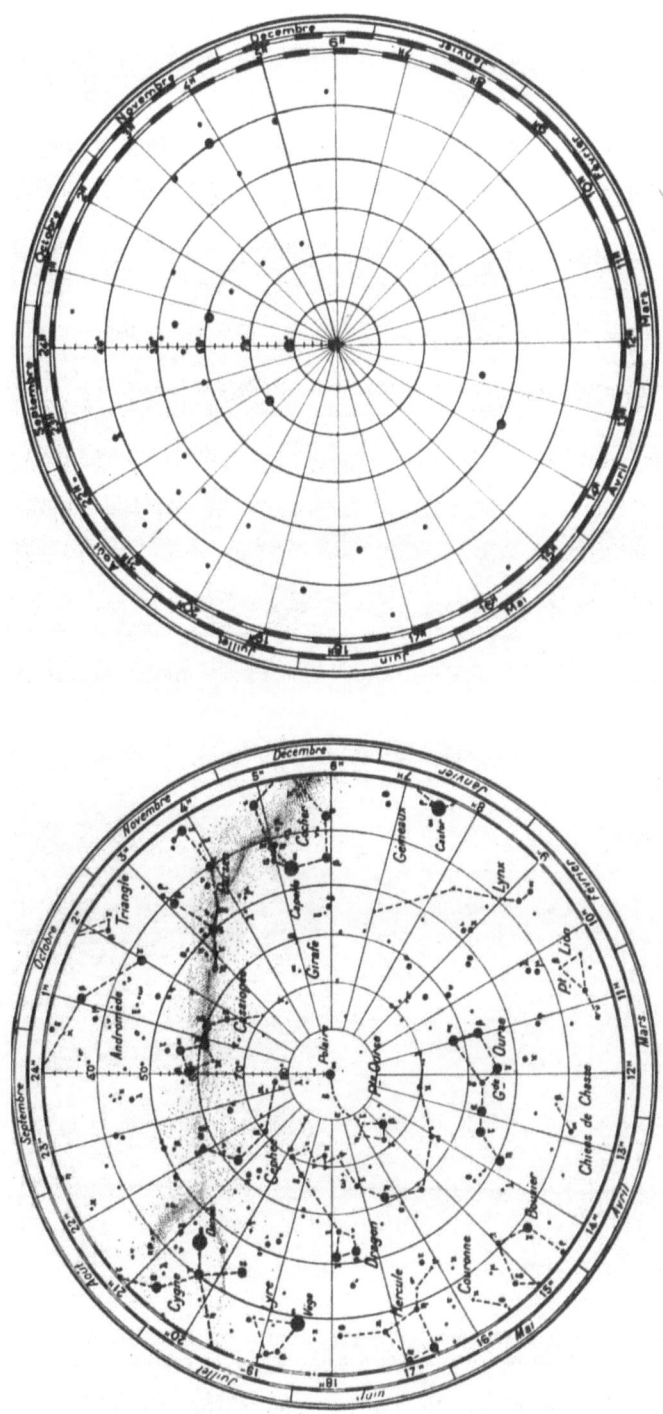

Fig. 6. Comparaison du ciel boréal en lumière visible et en UV (magnitudes calculées par DAVIS)

dans l'écart à l'équilibre thermodynamique local, et reflète la distribution des températures dans la chromosphère de ces étoiles.

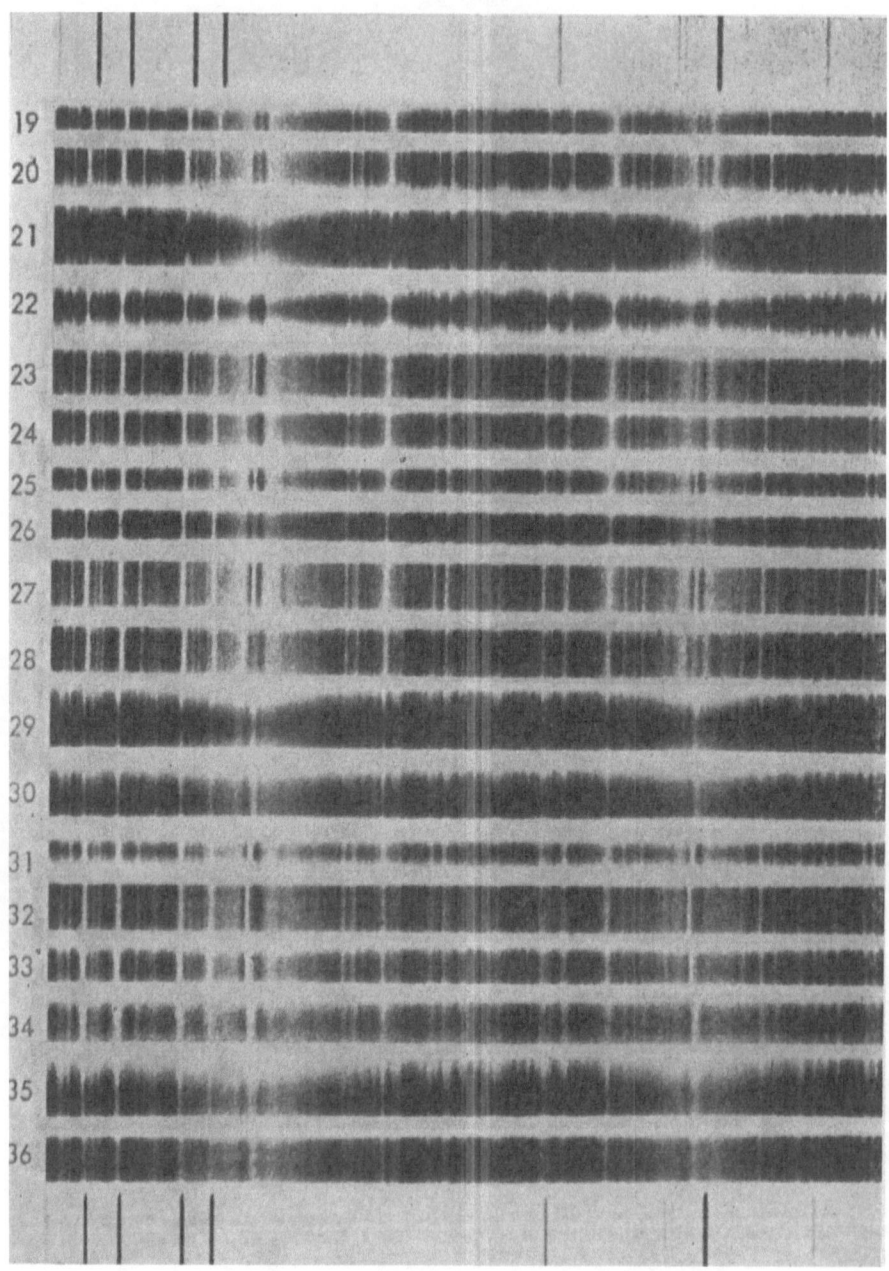

Fig. 7. Spectres obtenus par O. L. WILSON et V. BAPPU, montrant le renversement et l'é ussion au centre des raies H et K du calcium. Cette émission est due à la présence d'une chromosphère

Les possibilités d'observation de l'ultra-violet chromosphérique ou coronal dépendent naturellement des raies d'émission que l'on souhaite observer. COOK dresse ainsi une liste de 12 étoiles qu'on a quelque chance d'observer en Ly α.

Mais l'observation du spectre solaire en UV montre quelques raies d'émission qu'on a quelque chance de pouvoir observer dans d'autres étoiles.

Nous pouvons spécialement mentionner les raies 2795,52 Å et 2802,70 Å du magnésium une fois ionisé, 1806,0 et 1816,9 Å du Silicium une fois ionisé, 1657 Å du carbone neutre, 1548,19 Å du carbone trois fois ionisé, 1338,68 et 1334,51

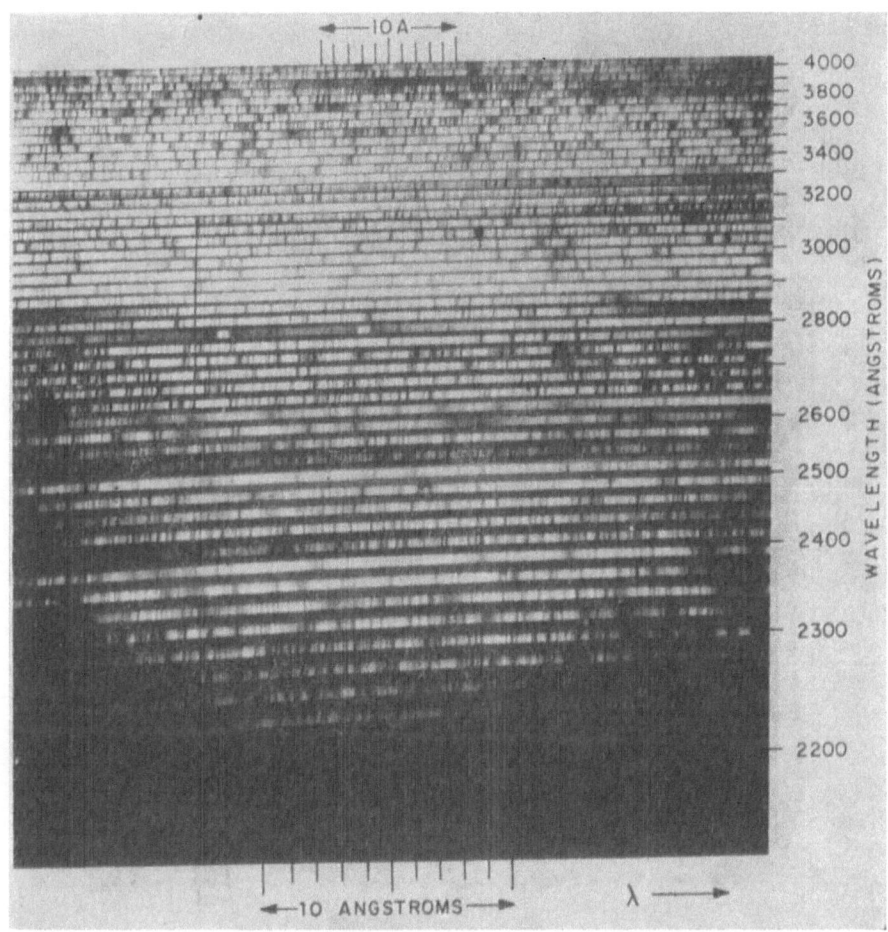

Fig. 8. Spectre UV du Soleil, à partir d'une fusée *Aerobee*, 29 août 1961, obtenu au moyen d'un réseau à échelle (cliché N.R.L.)

du carbone une fois ionisé, 1037,61 et 1031,91 de l'oxygène cinq fois ionisé, 977,03 du carbone deux fois ionisé.

On peut voir sur la Fig. 8 la très grande intensité des raies du magnésium, dans le spectre obtenu au moyen du réseau à échelle, et sur la Fig. 9, l'intensité des raies de l'oxygène VI et du carbone III. Mais si l'on considère par exemple la raie du carbone IV à 1548,19 Å, qui envoie sur Terre un flux de $9 \cdot 10^9$ photons cm^{-2} sec^{-1}, elle permettrait un taux de comptage de $9 \cdot 10^{11}$ photons cm^{-2} sec^{-1} sur une cellule de 100 cm^2. Une étoile située à 1 parsec et ayant la même intensité d'émission donnerait sur une cellule de 100 cm^2, un taux de comptage de 2 impulsions par seconde. Si l'intensité de la raie de C IV

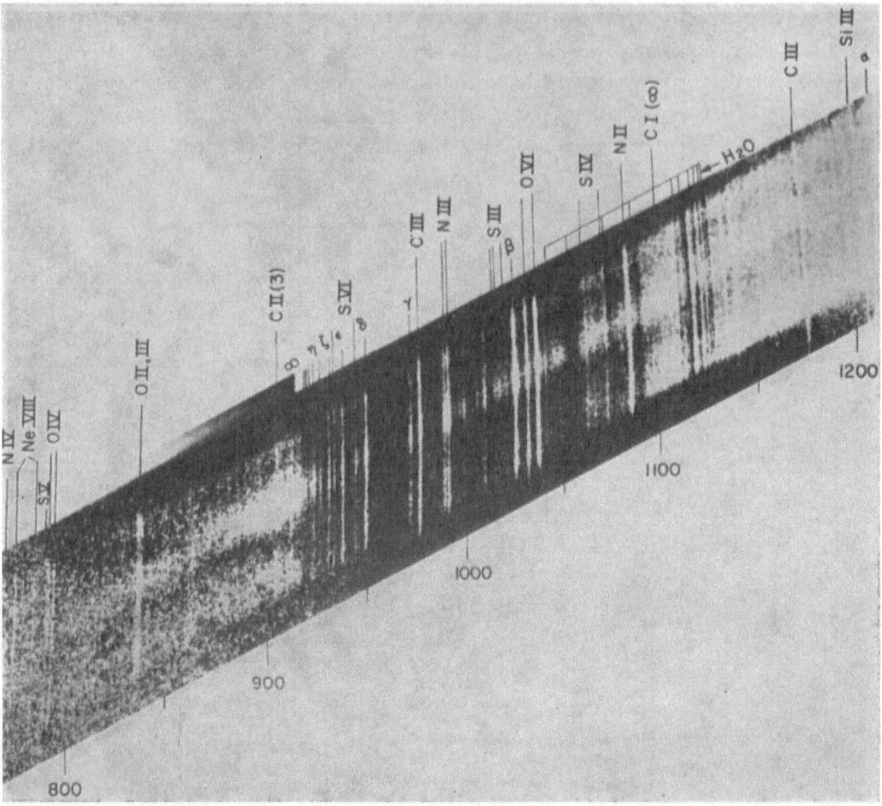

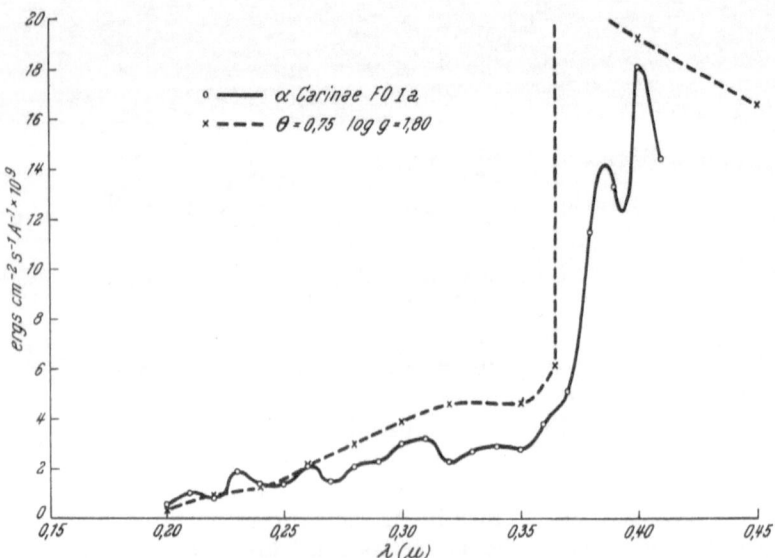

Fig. 9. Spectre solaire 800—1200 Å, 19 avril 1960 (cliché N.R.L.)

Fig. 10. Comparaison spectre théorique (Canavaggia-Pecker) — spectre observé (Stecher et Milligan) pour α Carinae, d'après Stecher et Milligan

est proportionnelle à la magnitude de l'étoile, une étoile de magnitude zéro donnerait approximativement 200 impulsions par seconde: on peut espérer observer ainsi α Cocher, α Carène, et α Bouvier (Arcturus). Sirius A de type spectral A O n'a probablement pas de chromosphère.

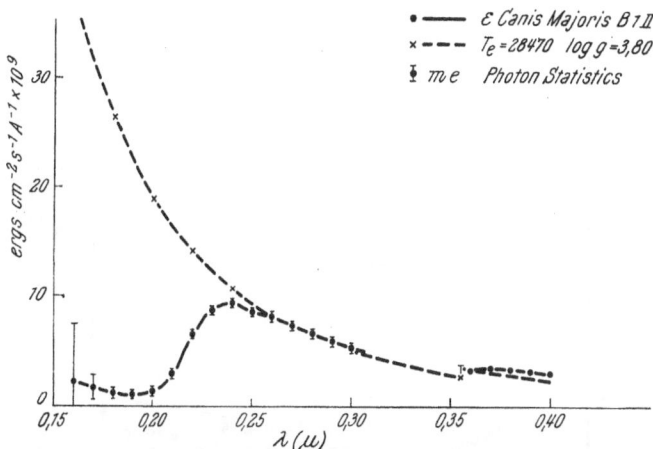

Fig. 11. Comparaison spectre théorique (UNDERHILL 1957) — spectre observé (STECHER et MILLIGAN) pour ε Canis Majoris, d'après STECHER et MILLIGAN

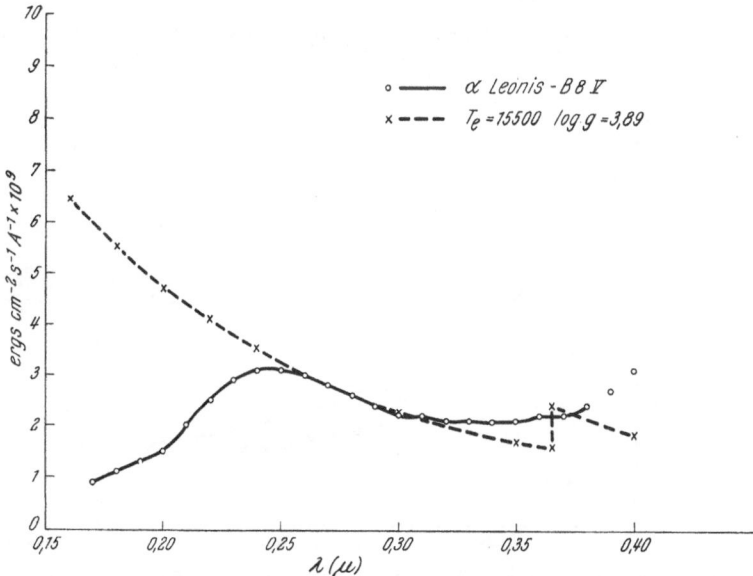

Fig. 12. Comparaison spectre théorique (SAÏTO 1956) — spectre observé (STECHER et MILLIGAN) pour α Leonis, d'après STECHER et MILLIGAN

L'étude des raies spectrales n'a guère pu être entreprise jusqu'à présent. Par contre l'étude du continu a été tentée par STECHER et MILLIGAN d'une part, par FRIEDMANN, CHUBB et BYRAM (1961) de l'autre. En utilisant une bande passante large, il est possible d'obtenir un nombre de photons suffisamment grand pour avoir des mesures valables. Dans l'expérience de STECHER et MILLIGAN le balayage du spectre de 1600 à 4000 Å se faisait avec une résolution de 100 Å;

Chubb et Byram ont étudié deux bandes, l'une de 200 Å, centrée sur 1427 Å, l'autre de 60 Å, centrée sur 1314 Å.

Stecher et Milligan ont obtenu au moyen de leur spectrographe porté par une fusée *Aerobee*, au cours d'un lancer effectué le 22 novembre 1960, huit bons spectres stellaires, dont 3 considérés comme excellents. Les Figs. 10, 11, 12 mon-

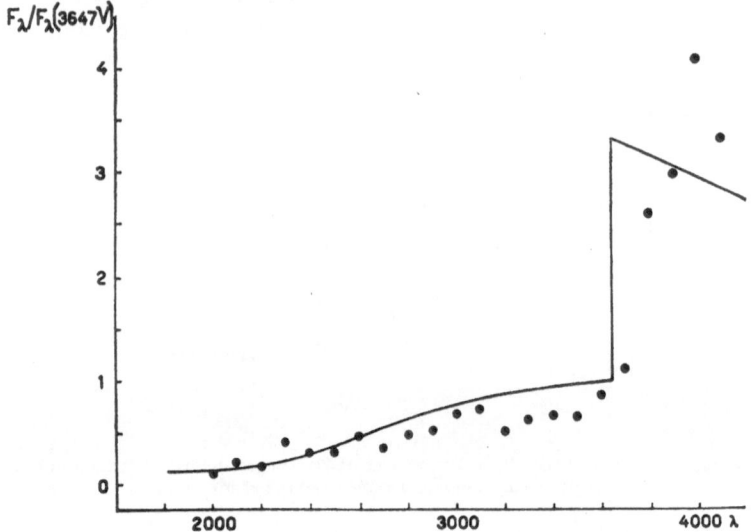

Fig. 13. Comparaison spectre théorique (Canavaggia-Pecker) — spectre observé (Stecher et Milligan) pour α Carinae, d'après Underhill. Comparer à la Fig. 10

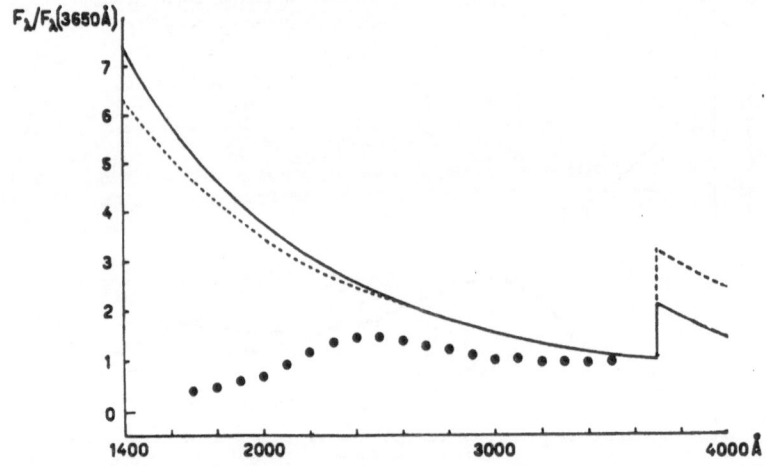

Fig. 14. Comparaison spectre théorique (Underhill 1963) — spectre observé (Stecher et Milligan) pour α Leonis, d'après Underhill. Comparer à la Fig. 12

trent que l'accord entre la prédiction et la théorie est raisonnable pour α Carinae, étoile supergéante de type F 0, mais que pour ε CMa de type B 1 et α Leonis, de type B 8, le spectre observé est beaucoup plus faible que le spectre calculé.

A. B. Underhill a calculé avec une très grande précision des nouveaux modèles d'atmosphère d'étoiles chaudes. Elle a cherché en particulier à satis-faire avec une très grande précision à la condition de constance du flux dans les couches atmosphériques. D'autre part, elle discute de la technique de comparaison entre spectre observé et spectre théorique de STECHER et MILLIGAN. Sur les figures précédentes, la comparaison était faite en normalisant le spectre observé à 2600 Å. Cette procédure est arbitraire, car une cause importante d'erreur existe dans ce domaine, le *blanketing*. Nous en parlerons dans un instant.

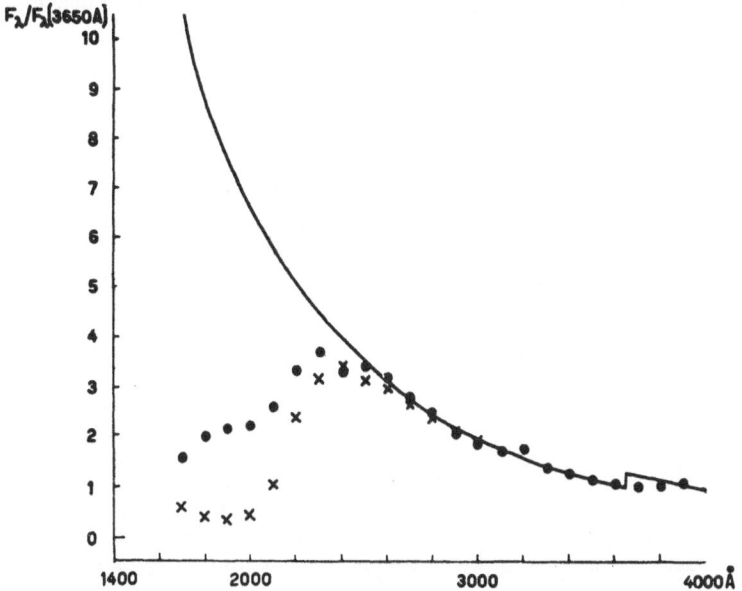

Fig. 15. Comparaison spectre théorique (UNDERHILL 1963) — spectre observé (STECHER et MILLIGAN) pour γ Orionis (croix) et β Canis Majoris (points), d'après UNDERHILL

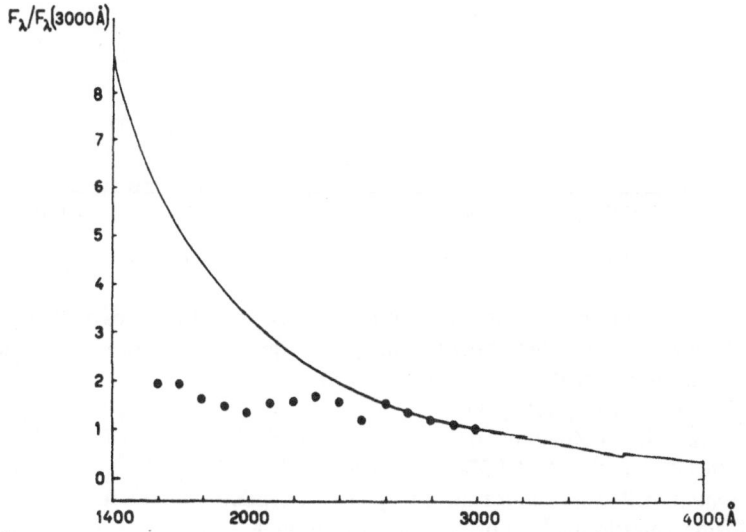

Fig. 16. Comparaison spectre théorique (UNDERHILL 1963) — spectre observé (STECHER et MILLIGAN) pour ι Orionis, d'après UNDERHILL

A. B. UNDERHILL préfère normaliser les spectres à 3650 Å, là où le blanketing est plus faible. Elle constate ainsi que cette opération est légitime, puisque les flux calculés et observés dans ce domaine spectral sont comparables.

Pour α Carinae, F O Ia l'accord est raisonnable, ainsi que l'on peut voir sur la Fig. 13.

Pour les étoiles B, les nombres sont les suivants:

Tableau II. *Flux a 2650 Å*

(F_λ en unités de 10^9 ergs/cm² Å)

Etoile	Type spectral	Observé	Calculé
α Léonis	B 7 V	2,9	0,31
γ Orionis	B 2 IV	5,0	2,52
β C M a	B 1 II	4,6	3,29
ε C M a	B 2 II	7,7	2,52
ι Ori	O 9 III	8,0	6,61

Le flux obtenu pour α Leonis dans le domaine 3000—3600 Å est plus grand que celui qu'on peut obtenir pour des étoiles des derniers types B. Si l'on nor-

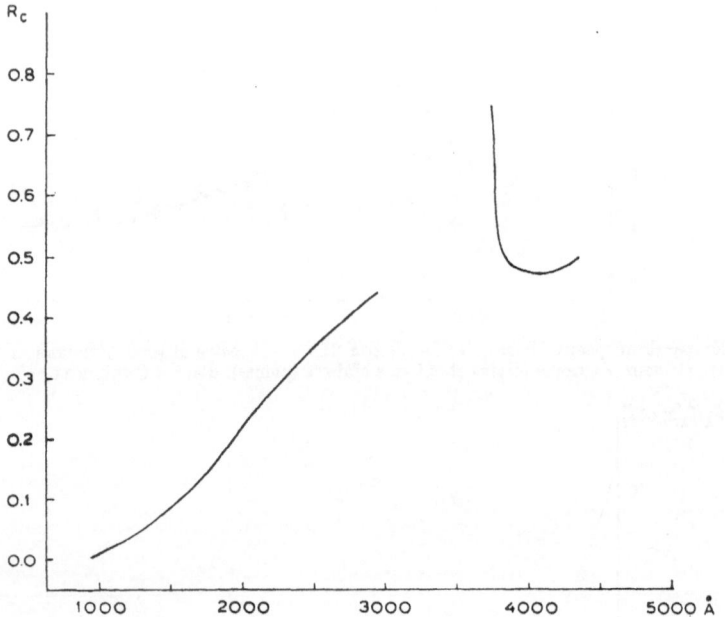

Fig. 17. Variation de l'intensité centrale des raies fortes, d'après Underhill

malise à 3650 Å, en admettant que le flux observé aurait dû être de $2,1 \cdot 10^9$ ergs cm⁻² Å⁻¹, les flux UV deviennent plus petits que les flux prédits, le défaut à 2000 Å étant environ d'un facteur 4 (Fig. 14).

Les flux observés pour γ Orionis, β Canis Majoris et ε Canis Majoris sont comparés aux flux théoriques des modèles B 1 V sur la Fig. 15. Les formes des spectres de γ Orionis et β CMa sont presque les mêmes, le spectre de ε CMa est nettement différent, la forme du spectre de 2600 à 4000 Å étant la même que la forme théorique. La normalisation à 3600 Å conduit à une déficience par un facteur 3 à 2000 Å pour γ Ori et β CMa mais par un facteur 13 pour ε CMa. On notera que le flux observé de ε CMa est nettement plus grand que les flux de β CMa et γ Ori. Enfin, le spectre de ι Ori (Fig. 16) s'accorde bien avec le spectre théorique, la déficience à 2000 Å étant seulement par un facteur 2.

Les spectres théoriques qui ont été calculés là ne tiennent pas compte des raies d'absorption. Or, dans le domaine 2000—2600 Å, les raies d'absorption du Fer (Fe II) et du chrome (Cr II) sont extrêmement nombreuses.

Dans une région où le coefficient d'absorption continu est faible et le coefficient d'absorption dans les raies est fort, les raies soustraient une grande quantité d'énergie au spectre. Dans une étoile de type B 2 l'intensité au centre des raies fortes, en raison de la température de surface relativement faible, est très petite. La Fig. 17 donne l'intensité centrale des raies fortes en fonction de la longueur d'onde. Suivant la valeur de l'effet de blanketing on peut calculer les flux résiduels (Fig. 18) et l'on voit que les flux observés restent du domaine du possible lorsque l'on admet un blanketing important (80 % du flux soumis au blanketing).

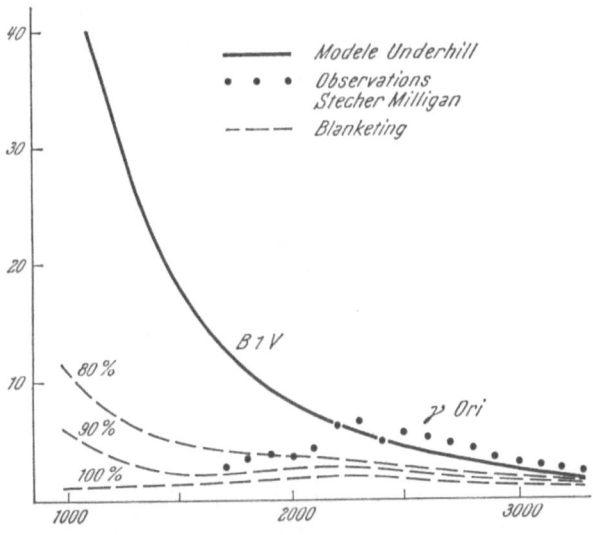

Fig. 18. Estimation de l'importance du blanketing nécessaire pour expliquer le spectre de γ Orionis

L'effet calculé par GAUSTAD et SPITZER est moins important car ils se sont servis d'un modèle d'atmosphère dont la température superficielle était trop élevée. L'importance des raies du Fe II (1,2 raie par Å entre 2500 et 2650 Å) et du Cr II (1,5 raie par Å dans le même intervalle) diminuant très vite lorsque la température augmente.

FRIEDMANN, CHUBB et BYRAM ont lancé à 2 reprises en 1960, une fusée *Aerobee* portant 4 télescopes de 15 centimètres de diamètre. La Fig. 19 donne une idée du dispositif expérimental: une chambre d'ionisation, placée au foyer de chaque télescope produit un courant mesuré au sol par télémétrie. Le mouvement naturel de précession de la fusée a permis le balayage du ciel. De cette façon, des données photométriques ont été obtenues pour environ 50 étoiles à 1427 Å, et pour environ 80 étoiles à 1350 Å. Il y a naturellement quelque diffi-

Fig. 19. Télescopes lancés par le N.R.L. pour la photométrie UV (cliché FRIEDMANN)

culté à identifier les objets mesurés; mais grâce aux passages successifs sur les mêmes étoiles, l'identification n'a laissé que quelques cas ambigus. La Fig. 20

donne, en fonction du type spectral, toutes les étoiles produisant à 1427 Å, un flux supérieur à $2,5 \cdot 10^{-10}$ erg cm² sec^{-1} Å^{-1}, comparées d'une part au corps noir, pris à la température donnée par Kuiper (1938) et d'autre part, aux modèles théoriques d'Underhill (1963). On constate une grande dispersion pour les flux stellaires à 1427 Å, et, de même que dans les enregistrements de Stecher et Milligan, on constate que les flux sont 5 à 10 fois plus petits que les flux prédits par la théorie.

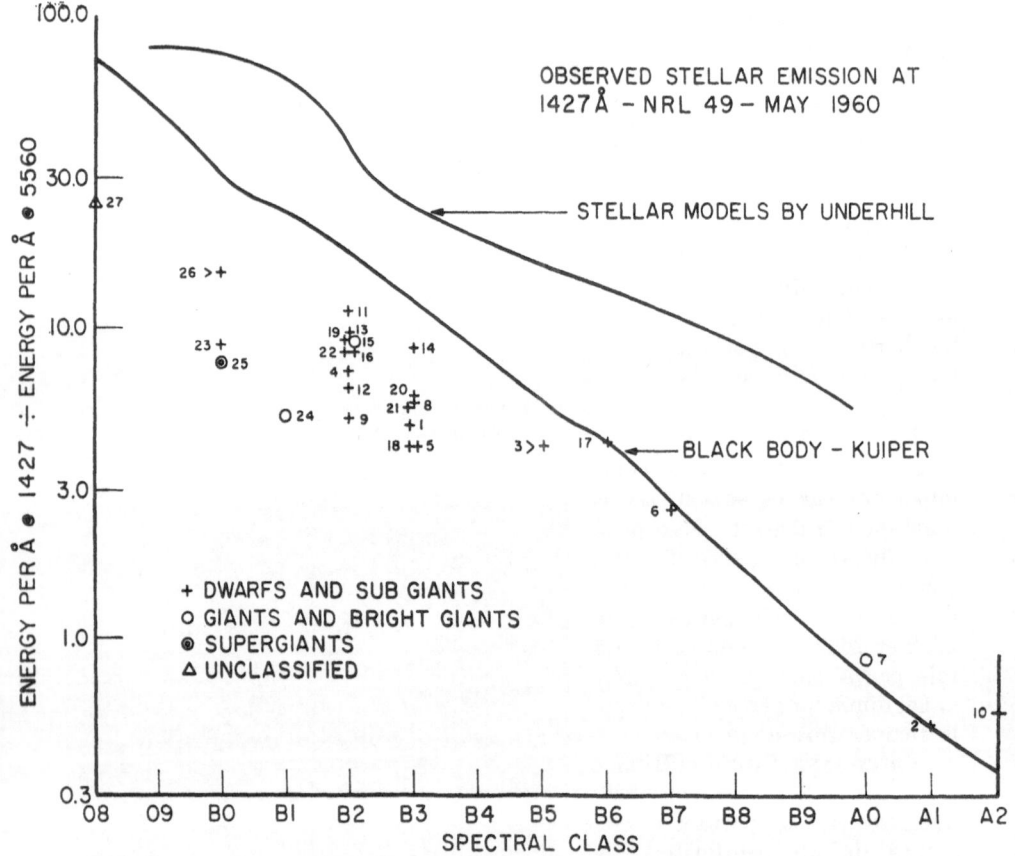

Fig. 20. Flux à 1427 Å rapporté du flux à 5560 Å; mai 1960, d'après Chubb et Byram

Des résultats semblables sont obtenus à 1314 Å. La Fig. 21 montre, de même, que les flux observés à 1314 Å sont très dispersés et sont situés très en dessous de la courbe déduite des modèles théoriques d'Underhill. De plus, un certain nombre de sources n'ont pu être identifiées avec certitude et spécialement dans la région Puppis Vela semblent correspondre à des groupes d'étoiles non séparées.

Un certain nombre d'anomalies remarquables sont signalées par Chubb et Byram (1964). Un objet est particulièrement brillant ($F_{1314}/F_{5560} = 28$).

On n'a guère trouvé jusqu'à présent d'explication pour la dépression du spectre observé par rapport au spectre théorique. Un facteur 10 à 2000 Å correspond au passage d'une température de brillance de 28.760 à 14.900 degrés.

Pour une étoile de type spectral B 2, cela correspond à la température de brillance de part et d'autre de la discontinuité de Lyman, c'est-à-dire à la présence d'un corps très absorbant.

L'hypothèse d'une importante émission vers 2.500 Å conduit à une difficulté de même nature. Le spectre observé ne peut s'expliquer que si le continu voisin est émis à une température d'environ 15.000 degrés. Cette conclusion pose à nouveau le problème de l'absorbant photosphérique.

On peut aussi supposer, comme le fait PECKER (1963), qu'existe autour des étoiles chaudes, un nuage de fines poussières absorbantes. Il est toujours possible, moyennant un choix approprié des dimensions des poussières, de reconstituer

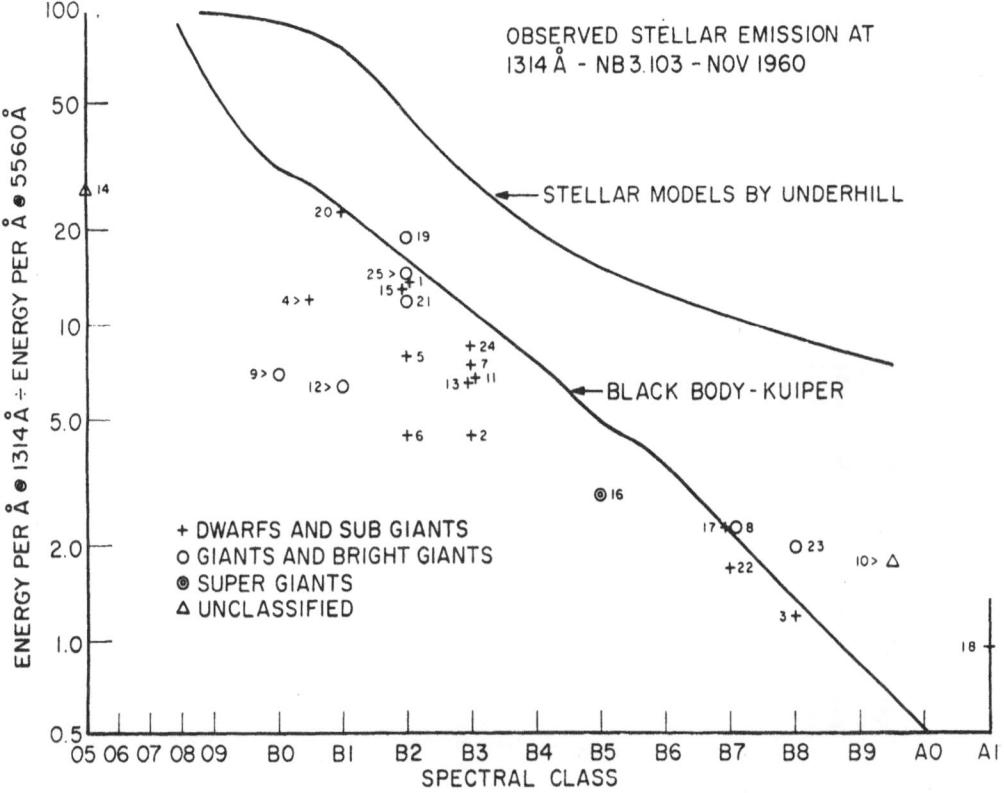

Fig. 21. Flux à 1314 Å, rapporté au flux à 5560 Å; novembre 1960, d'après CHUBB et BYRAM

la courbe d'absorption présumée. Les étoiles de type spectral plus avancé, plus âgées que les étoiles chaudes, auraient perdu leur nuage de poussières circumstellaires, et ne présenteraient pas cette importante dépression du spectre vers 2600 Å.

Il est bien certain que le problème du spectre UV des étoiles n'est pas résolu. Ni le blanketing, ni les absorbants nouveaux, ni les poussières, ni une émission particulière ne résolvent le problème. Mais en tout état de cause, la dépression existe et soulève de nouvelles questions.

En premier lieu, les étoiles B rayonnent moins d'énergie qu'il n'était admis jusqu'à maintenant. Notre point de vue sur l'âge des étoiles B s'en trouve changé. Un flux divisé par 2 signifie une durée d'évolution 2 fois plus grande. Une étoile B peut, par exemple briller sur la séquence principale pendant 5 millions d'années pourra y rester 10 millions d'années. Cela pose immédiatement des problèmes nouveaux de structure interne, de réactions thermonucléaires et de taux de production d'énergie,

D'autre part, le champ de rayonnement interstellaire est très différent de celui qu'on admettait jusqu'à présent (Fig. 22). Les rayonnements $\lambda < 912$ Å déterminent le degré d'ionisation du Carbone, du Sodium, du Calcium etc. et par conséquent ces nouvelles valeurs de la densité de rayonnement dans l'espace interstellaire posent de nouveaux problèmes d'interprétation des raies interstellaires.

D'autres problèmes se posent avec le spectre de rayons X. L'emploi de filtres et de couches sensibles faites soit d'halogénures alcalins, soit d'halogénures de

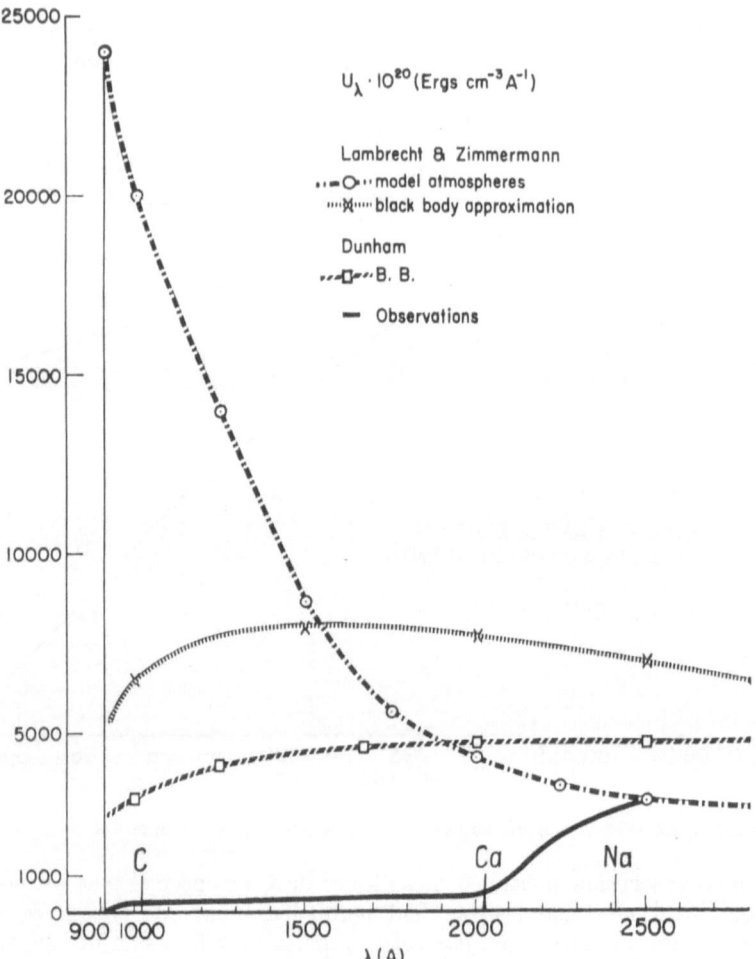

Fig. 22. Densité de rayonnement interstellaire d'après les nouvelles observations, d'après Stecher et Milligan

terres rares permet des résultats assez remarquables. Les couches sensibles ont un rendement très élevé. Nous reproduisons ici après Friedmann (1962), sous forme de graphique, les tables de Lukirskii, Rumsh et Smirnov (1960) (Fig. 23).

Différents essais de mesurer le flux de rayons X ont été faits. Giacconi, Gurski, Paoloni et Rossi (1962) ont observé un flux isotrope de rayons X sur 3 Å de longueur d'onde, s'élevant à 1,7 quanta cm^{-2} sec^{-1} steradjan^{-1}.

Bowyed, Byram, Chubb et Friedmann (1963) ont lancé une fusée *Aerobee* le 29 avril 1963 portant un compteur proportionnel avec une fenêtre de beryllium de 100 cm², d'épaisseur 125 microns. Le champ de l'appareil avait une demi ouverture de 11°, ce qui correspond approximativement à 1/8 de stéradian.

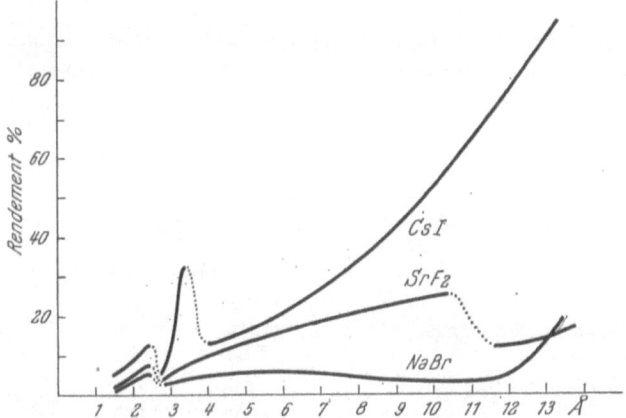

Fig. 23. Rendement de diverses photo-cathodes

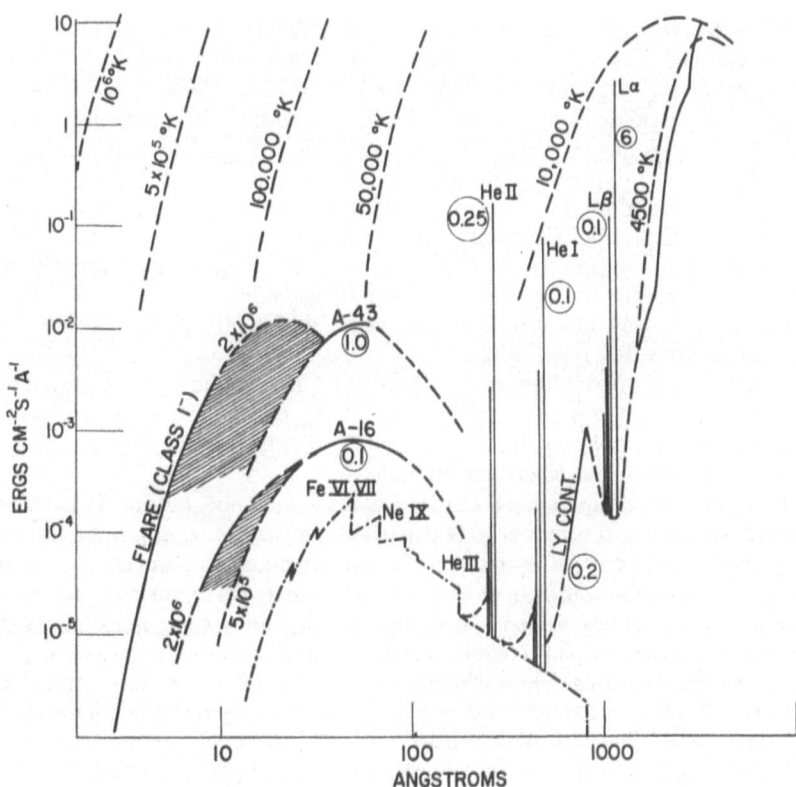

Fig. 24. Le spectre X du Soleil, d'après FRIEDMANN

Les premières analyses ont montré, dans la direction du Scorpion, l'existence d'une source plus petite que le champ de l'appareil, avec un taux de comptage atteignant 400 coups par seconde, contre un flux général de 25 à 40 coups par seconde.

La fenêtre de Beryllium laissait passer les rayons X jusque vers 8 Å et presque tout le flux était dû à des photons mous.

Les observations des rayons X associés aux éruptions solaires indiquent une énorme augmentation du flux de rayons X au cours des éruptions. Friedmann (1963) résume les propriétés du Soleil par les nombres suivants (Tableau III; Fig. 24).

Tableau III. *Nombre de quanta par seconde, par centimètre carré, dans un intervalle de 2 Å pour différents états d'activité solaire*

	Bande centrée sur:		
	2 Å	4 Å	6 Å
Complètement calme	1	20	300
Calme	10	200	3000
Légèrement perturbé	100	2000	30 000
Perturbé	1000	20 000	300 000
Eruption importance 2	10 000	200 000	3 000 000
Eruption importance 3	100 000	2 000 000	30 000 000

Nous pouvons tirer de ces résultats des prédictions concernant la possibilité d'observer des étoiles éruptives dans le domaine des rayons X. Si l'on admet que le rayonnement émis dans une éruption d'importance 3 est à peu près la millionième partie du rayonnement solaire, il correspond à une étoile de magnitude —12. Si l'on admet comme limite de détection 1 photon par seconde et par centimètre carré, on peut espérer détecter dans la bande 5—7 Å une étoile éruptive de 7ème grandeur au moment du maximum. Pour détecter T Tau elle-même qui est de 9ème grandeur au maximum, il faudrait pouvoir compter avec certitude 0,1 photon par centimètre carré et par seconde ce qui, pour un détecteur de 100 cm², représente un ou deux coups par seconde.

Il n'en reste pas moins que la détection de l'éclair X des étoiles éruptives est du domaine des possibilités.

L'interprétation du flux isotrope de 1,7 photon cm^{-2} sec^{-1} sterad^{-1} à 3 Å pose un certain nombre de problèmes. Il ne paraît pas toutefois impossible, contrairement à l'opinion de Hoyle (1963), d'expliquer ce flux par le rayonnement synchrotron des électrons du halo.

La radio astronomie nous a fait découvrir l'existence, autour de notre galaxie, d'une vaste région d'environ 10.000 parsecs de diamètre, émettant du rayonnement radio. On peut admettre que ce rayonnement est un rayonnement synchrotron, et on peut notamment chercher si les électrons ayant un spectre d'énergie approprié pour émettre dans le domaine des ondes métriques peuvent aussi émettre une quantité appréciable d'énergie dans le domaine des rayons X.

Sur 3,5 mètres de longueur d'onde, le pouvoir émissif est, d'après Mills (1959) d'environ $2 \cdot 10^{-39}$ ergs sec^{-1} cm^{-3} (c/s)$^{-1}$, tandis que dans le domaine de 3 Å, le pouvoir émissif serait de l'ordre de $4 \cdot 10^{-48}$ ergs sec^{-1} cm^{-3} (c/s)$^{-1}$.

On calcule alors que, dans un champ magnétique d'environ $2 \cdot 10^{-6}$ gauss, des électrons d'énergie supérieure à environ un milliard d'électrons volts, à raison d'environ 10^{-13} électrons par centimètre cube, et avec un spectre en $E^{-\gamma} dE$, avec $\gamma = 2,5$ satisfont approximativement aux conditions exigées.

Toutefois, l'énergie totale ainsi stockée dans le halo est énorme, environ 10^{57} ergs, et il y a quelque difficulté à renouveler cette énergie. On peut donc se demander si ce flux de rayons X n'a pas son origine dans l'ensemble de l'univers, et Hoyle (1963) explique ces rayons X par le bremsstrahlung des électrons apparaissant lors de la création continue.

Au-delà des rayons X se trouvent les rayons gamma, et on peut se demander si les étoiles sont susceptibles de faire l'objet d'une gamma astronomie (Schatzman 1963).

Il est aisé de montrer que les étoiles éruptives produisent trop peu de rayons γ pour pouvoir faire l'objet d'une détection. Par contre, d'après les théories actuelles, l'explosion d'une supernova s'accompagne d'une énorme production de rayons γ. On peut estimer que, quelques heures après l'explosion d'une supernova, se produit le maximum de l'émission de rayons γ, de l'ordre de 10^{46} photons de l'ordre du MeV par Sec. Si l'on prend comme seuil de détection 1 gamma par mètre carré et par seconde, la détection est possible jusqu'à un million de parsecs. Ceci est encore insuffisant pour avoir l'espoir d'observer même une fois dans l'année un éclair gamma d'une supernova, dont la fréquence est à peu près de une supernova par galaxie et par 100 ans. Avec un seuil de détection abaissé à un photon gamma par mètre carré et par minute, on peut espérer, dans l'année, observer ce phénomène.

Du point de vue de notre compréhension du phénomène de supernova, il s'agirait là d'une expérience décisive, puisqu'elle nous permettrait de vérifier quelles sont les réactions nucléaires qui se produisent lors de l'explosion.

Bibliographie

Bowyed, E. T. Byram, T. A. Chubb et H. Friedmann, (1963), preprint.

E. T. Byram et T. A. Chubb, (1963), preprint.

E. T. Byram, T. A. Chubb et H. Friedmann, Mem. Soc. Roy. Sci. Liège 4, 469 (1961).

R. Cayrel, Ann. d'Astrophys. Suppl. 6 (1958).

A. H. Cook, Quart. J. Roy. Astronom. Soc. 4, 203 (1063).

R. J. Davis, Scientific Use of Earth Satellites, p. 166. Ann Arbor: The University of Michigan Press, 1956.

W. C. Erickson, H. L. Helfer et H. E. Tafel, Paris Symposium on Radio-Astronomy, p. 73. Stanford University Press, 1959.

H. Friedmann, Report on Progress in Physics 25, 163 (1962).

H. Friedmann, (1963), preprint.

J. E. Gaustad et L. Spitzer Jr., Astrophys. J. 134, 715 (1961).

R. Giaconni, H. Gurski, F. R. Paolini et Rossi, Phys. Rev. 9, 439 (1962).

F. Hoyle, Astrophys. J. 137, 193 (1963).

F. J. Kerr, Monthly Notices 123, 327 (1962).

G. P. Kuiper, Astrophys. J. 88, 429 (1938).

A. P. Lukirskii, M. A. Rumsh et L. A. Smirnov, Optics and Spectroscopy 9, 265, 343, (1960).

J. C. Pecker, Space Sci. Rev. 1, 729 (1963).

E. Schatzman, Space Sci. Rev. 1, 712 (1963).

J. P. Stecher et J. E. Milligan, Astrophys. J. 136 (1962).

A. B. Underhill, Space Sci. Rev. 1, 149 (1963).

O. Wilson et V. Bappu, Astrophys. J. 125, 661 (1957).

La structure de l'hétérosphère terrestre

Par

M. Nicolet[1]

(Avec 6 Figures)

I. Introduction

La distribution verticale de la pression p d'une atmosphère planétaire peut être caractérisée par une équation simple

$$\frac{dp}{p} = -\frac{dr}{H} \tag{1}$$

où H, la hauteur d'échelle atmosphérique à la distance r du centre de la planète, s'exprime par

$$H = kT/mg . \tag{2}$$

H dépend de la température absolue T, de la masse moléculaire moyenne m et de l'accélération de la pesanteur g; k est la constante de BOLTZMANN. Lorsque le mélange est parfait, c'est-à-dire que les constituants principaux conservent les mêmes proportions, la masse moléculaire est constante. Dans ce cas, on se trouve dans l'*homosphère*. Dès que l'un des constituants principaux est soumis à un effet permanent de dissociation ou que l'ensemble de l'atmosphère est soumis à l'effet de diffusion dans le champ de la pesanteur, le rapport des concentrations des constituants varie. On se trouve dès lors dans l'*hétérosphère* où la masse moléculaire moyenne ne peut plus être considérée comme constante. Dans toute atmosphère planétaire, l'effet de diffusion joue à partir d'une certaine altitude et l'effet de dissociation se manifeste pour certains constituants soumis à l'influence de la photo-dissociation par la radiation ultraviolette du soleil. Dans le cas de l'atmosphère terrestre, on possède actuellement des données d'observations suffisantes pour rechercher les conditions dans lesquelles se forme l'hétérosphère. De plus, il est possible de prévoir quelles sont les conditions physiques générales résultant des phénomènes de dissociation et de diffusion.

II. La dissociation dans le champ de radiation du soleil

Les fusées munies d'instruments de mesure tels que des spectrographes ont révélé que le rayonnement solaire de courtes longueurs d'onde inférieures à 1750 Å ne pouvait en aucun cas atteindre l'atmosphère moyenne c'est-à-dire la troposphère (≤ 17 km) et la stratosphère (≤ 50 km). L'atmosphère moyenne ou la mésosphère (50 km à 85 km) n'est influencée que par un étroit domaine spectral comme la radiation Lyman-α de l'hydrogène à 1216 Å. Il en résulte

---

[1] Directeur, Centre National de Recherches de l'Espace, Bruxelles, Belgique.

que la dissociation de l'oxygène ne devient importante que sous l'effet du rayonnement solaire, provenant du domaine spectral de 1750 Å à 1400 Å. Le coefficient maximum d'ionisation est égal à $4,5 \times 10^{-6}$ sec^{-1}. En d'autres termes, la durée de vie moyenne d'une molécule dans le champ de radiation du Soleil avant toute absorption préalable est au moins de 60 heures. A une altitude de 100 km où il existe une absorption importante de la radiation, la durée de vie moyenne est de plusieurs mois.

Le résultat global de la photodissociation de l'oxygène moléculaire et de la recombinaison des atomes d'oxygène suivant les processus:

$$O_2 \pm h\nu\,(\lambda < 1750\ \text{Å}) \rightarrow O + O \tag{3}$$

et

$$O + O + M \rightarrow O_2 + M \tag{4}$$

est que dans la thermosphère, c'est-à-dire au-dessus de 85 km, on peut considérer qu'une dissociation partielle de l'oxygène existe et que l'on peut admettre que l'on est en même temps dans l'hétérosphère. Les conditions aux limites supérieures de l'homosphère sont ainsi fixées au niveau de la mésopause.

Alors que l'oxygène moléculaire est soumis à la photodissociation, l'azote — l'autre constituant principal de l'atmosphère terrestre — reste à l'état moléculaire jusqu'aux plus hautes altitudes. Ceci est dû au fait que l'azote ne possède pas de spectre d'absorption susceptible de conduire à la photodissociation directe. D'autre part, l'ionisation de la molécule pouvant fournir des ions conduisant à une recombinaison dissociative suivant un processus tel que:

$$N_2 + h\nu\,(\lambda < 800\ \text{Å}) \rightarrow N_2^+ + e\,, \tag{5}$$

suivi par

$$N_2^+ + e \rightarrow N + N\,, \tag{6}$$

est contrôlée par un transfert de charge:

$$O_2 + N_2^+ \rightarrow O_2^+ + N_2 \tag{7}$$

ou

$$O + N_2^+ \rightarrow O^+ + N_2 \tag{8}$$

Ces divers processus limitent très fortement la production d'atomes d'azote que contrôle également la double réaction:

$$N + O_2 \rightarrow NO + O \tag{9}$$

$$N + NO \rightarrow N_2 + O\,. \tag{10}$$

Ainsi, il apparaît qu'au début de l'hétérosphère les seuls processus permettant l'apparition d'atomes d'azote devraient être soit un phénomène de prédissociation

$$N_2 + h\nu\,(\lambda \sim 1200 - 1250\ \text{Å}) \rightarrow N + N \tag{11}$$

avec un coefficient très faible de l'ordre de 10^{-12} sec^{-1} ou soit une réaction de faible vitesse

$$O_2^+ + N_2 \rightarrow NO^+ + NO \tag{12}$$

suivie par

$$NO^+ + e \rightarrow N + O\,. \tag{13}$$

En d'autres termes, tout ion NO^+ produit dans toute l'ionosphère par des réactions du type:

$$O^+ + N_2 \rightarrow NO^+ + N \tag{14}$$

doit être considéré comme la source d'une dissociation indirecte d'azote atomique que contrebalancent les réactions (9) et (10).

En fin de compte, on peut donc dire que l'azote moléculaire peut subsister dans l'hétérosphère tandis que l'oxygène passe graduellement à la forme atomique. Mais en notant que les temps moyens de photodissociation sont relativement longs, on peut dire que des équilibres photochimiques ne peuvent apparaître par suite de l'effet de diffusion.

III. La diffusion dans le champ de la pesanteur

Dans toute atmosphère, le flux de diffusion $F(M_1)$ cm^{-2} sec^{-1} d'un constituant de masse M_1 est donné par[1]

$$F(M_1) = 1,8 \times 10^{11} g_0 \left(\frac{r_0}{r}\right)^2 \left(1 + \frac{M}{M_1}\right)^{1/2} \left(\frac{M}{T}\right)^{1/2} \frac{n_1}{n} \cdot Y \qquad (15)$$

avec

$$Y = \left(X - \frac{M_1}{M}\right) + \left(\beta - \frac{2H}{r}\right)(X - 1 - \alpha_T). \qquad (16)$$

Dans ces deux équations g_0 et r_0 sont respectivement les valeurs de r et g au niveau du sol. M_1/M est le rapport des masses du constituant secondaire et du constituant principal atmosphérique de concentrations respectives n_1 et n. β est le gradient vertical de la hauteur d'échelle H tandis que α_T est le facteur de diffusion thermique. Enfin, le paramètre de distribution verticale X est défini par

$$\frac{1}{n_1} \frac{\partial n_1}{\partial r} = X \frac{1}{n} \frac{\partial n}{\partial z} \qquad (17)$$

et est égal à l'unité pour une distribution parfaite en mélange. Dans le cas de l'atmosphère terrestre, le début de la thermosphère (85—100 km) peut être approximativement représenté par l'équation suivante:

$$F(M_1) = 1,7 \times 10^{13} \left(1 + \frac{M}{M_1}\right)^{1/2} \left(\frac{M}{T}\right)^{1/2} \left(1 - \frac{M_1}{M}\right) \frac{n_1}{n} \qquad (18)$$

car le gradient de température est très faible. Avec une masse $M = 28$ et une température $T = 200°$ K, on obtient les flux de diffusion F de l'ordre de:

$$\pm F \simeq 10^{13} (n_1/n) \text{ cm}^{-2} \text{ sec}^{-1}. \qquad (19)$$

En particulier, le flux vers le haut d'atomes d'hélium est

$$F_{100 \text{ km}} (\text{He}^4) = + 8,8 \times 10^7 \text{ cm}^{-2} \text{ sec}^{-1}, \qquad (20)$$

tandis que le flux vers le bas d'atomes d'argon est

$$F_{100 \text{ km}} (\text{A}^{40}) = - 3,6 \times 10^{10} \text{ cm}^{-2} \text{ sec}^{-1}. \qquad (21)$$

En mélange parfait, la molécule d'oxygène est soumise également à un transport vers le bas car $M_1 = 32 > M = 28$. Cependant, il suffit que la décroissance avec l'altitude de l'oxygène moléculaire soit un peu plus rapide que celle de l'azote (effet de dissociation) pour provoquer un transport vers le haut. On voit par l'éq. (16) que si

$$X > 1 + 0,14/(1 + \beta), \qquad (22)$$

c'est-à-dire avec un gradient $\beta = 0,2$,

---

[1] Voir M. Nicolet, Mém. Soc. Roy. Sci. Liège **7**, 190 (1962).

$$H > 1{,}12\,H\,(O_2)\,, \tag{23}$$

il suffit que la hauteur d'échelle atmosphérique soit seulement quelque dix pour cent supérieure à celle de l'oxygène.

Dans le cas d'un équilibre photochimique, on aurait un transport vers le haut:

$$F(O_2) = 2 \times 10^{13}\,n\,(O_2)/n \text{ cm}^{-2} \text{ sec}^{-1}. \tag{24}$$

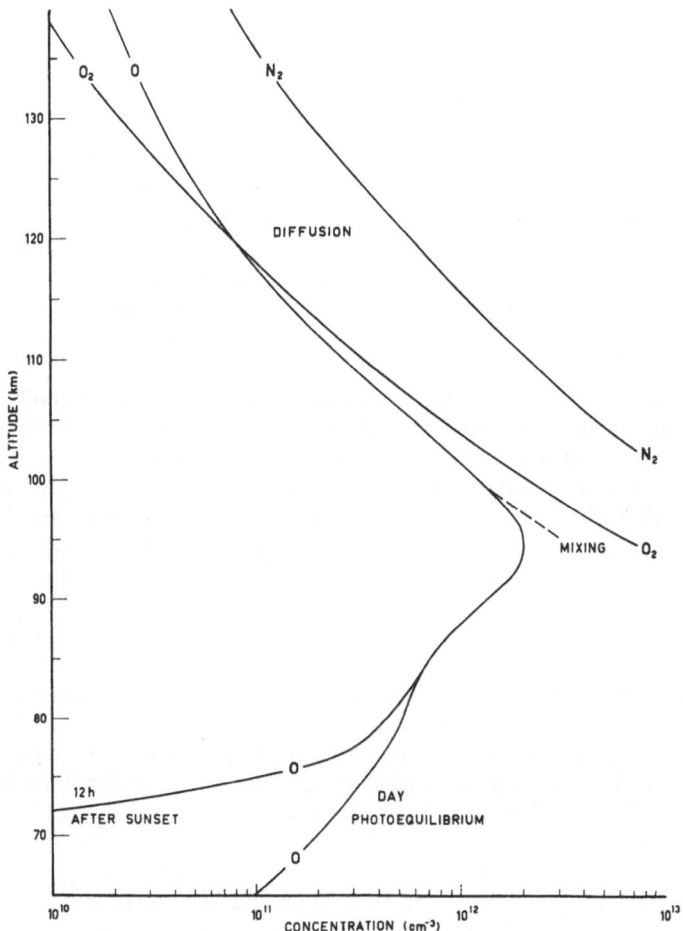

Fig. 1. Aspect général de la zone de transition de l'oxygène moléculaire à l'oxygène atomique sous l'effet de la photodissociation et de la diffusion

Comme le nombre maximum de molécules dissociées est égal au nombre de photons utilisables à $\lambda < 1750$ Å, c'est-à-dire $2{,}7 \times 10^{12}$ photons cm^{-2} sec^{-1}, on peut dire que, pour toute concentration $n\,(O_2) \simeq n/10$, un flux vertical remplace les molécules photodissociées par le rayonnement solaire.

D'autre part, l'atome d'oxygène résultant de la photodissociation de l'oxygène est transporté vers le bas. A un niveau du maximum de concentration, on aurait $X = 0$ dans l'éq. (16). De là, un flux

$$F(O) = -6 \times 10^{12}\,n\,(O)/n \text{ cm}^{-2} \text{ sec}^{-1} \tag{25}$$

indiquant combien le transport vers le bas des atomes d'oxygène peut être important.

Ces quelques exemples montrent combien l'effet de la diffusion dâns le champ
de la pesanteur est déterminant dans la thermosphère inférieure pour fixer les
conditions physiques.

La Fig. 1 est une représentation schématique que l'on peut se faire des conditions de passage de l'homosphère à l'hétérosphère. Tandis que la dissociation
de l'oxygène apparaît très nette au-dessus de 85 km, la diffusion se manifeste
au-dessus de 100 km à tel point que l'oxygène atomique devient très rapidement
plus important que l'oxygène moléculaire.

IV. L'origine de la thermosphère

A partir d'une certaine altitude, la densité de l'atmosphère devient relativement faible. L'énergie cinétique totale d'une colonne atmosphérique peut être
comparée à l'énergie solaire que cette colonne absorbe au cours d'une journée.
On constate qu'à partir de 150 km, ces deux énergies sont du même ordre de
grandeur. Ainsi, on trouve qu'une colonne atmosphérique située au-dessus de
120 km est fortement chauffée par l'ultraviolet solaire de longueurs d'onde
inférieures à 900 Å. De là, résulte un fort gradient de température atteignant
quelque 20° K par km. Suivant les conditions d'activité solaire, cette température maximum atteint des valeurs comprises entre 1000° K et 2000° K. Cependant, l'existence de forts gradients de température provoque le transport de
chaleur par conduction. C'est pourquoi au chauffage par l'ultraviolet solaire
s'oppose le refroidissement par conduction. Dans un tel système, on arrive donc
à un bilan thermique dans lequel la température diurne doit être plus élevée
que la température nocturne. Pendant le jour, le gradient de température résultant de la conduction est maintenu à sa valeur la plus élevée par l'apport continu
du chauffage ultraviolet; le gradient de température diminue au cours de la nuit
car la perte de chaleur par conduction n'est pas suffisamment compensée par
l'ensemble des réactions ionosphériques subsistant à haute altitude. D'autre
part, il n'est pas possible d'accepter un chauffage nocturne qui serait dû à un
rayonnement corpusculaire. En imaginant une arrivée de particules dans la
thermosphère, on doit considérer les effets conduisant à des phénomènes d'ionisation associés à des phénomènes lumineux, comme c'est le cas dans les aurores.
Or, l'analyse de la lumière du ciel nocturne indique bien que toutes les radiations
émises résultent de réactions chimiques ou ionosphériques. Ce n'est que dans
la zone aurorale que les collisions entre des constituants atmosphériques et des
électrons extérieurs produisent un effet lumineux observable.

L'absence d'absorption du rayonnement ultraviolet aux très hautes altitudes
de même que le peu d'importance du rayonnement corpusculaire conduisent à
la conclusion que l'atmosphère supérieure devient pratiquement isotherme au-
delà d'un niveau que l'on appelle la thermopause. La conduction de la chaleur
est tellement rapide qu'une quasi-isothermie verticale peut apparaître. Grosso
modo, on peut dire que quelles que soient les conditions, l'atmosphère est toujours isotherme au-delà de 500 km. Le niveau de la thermopause s'abaisse au
cours de la nuit et également lorsqu'on passe des conditions de forte activité
solaire à celles du soleil calme.

Les Figs. 2a et 2b fournissent une représentation schématique de la température au niveau de la thermopause au cours d'une période complète d'activité
solaire. On voit que des différences considérables apparaissent entre une période
de soleil calme (1953—1954) et une période de maximum d'activité solaire
(1957—1958). La différence des températures est de l'ordre de 1000° K.

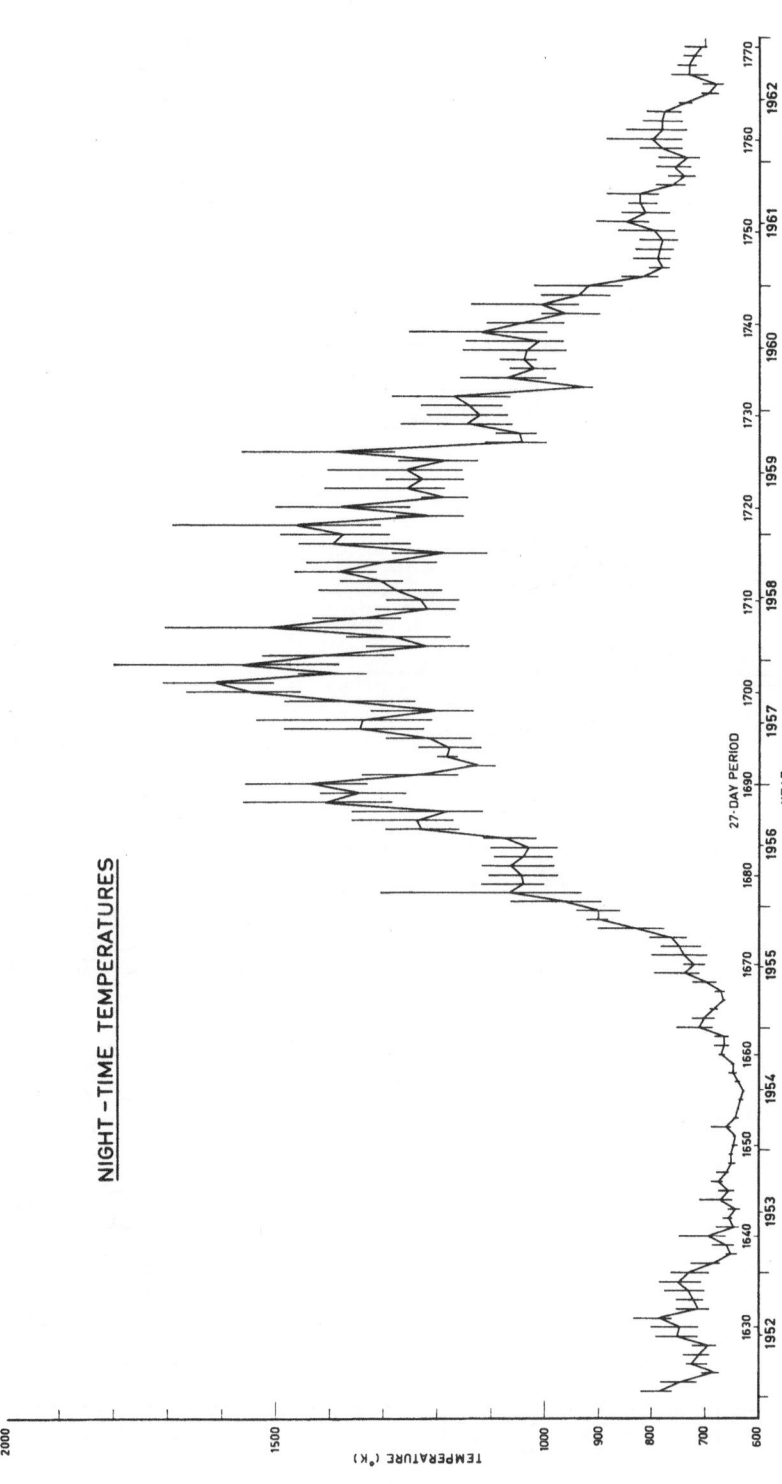

Fig. 2 a. Températures de l'atmosphère supérieure pendant la nuit pendant une période complète d'activité solaire de 1952 à 1962. Valeur moyenne pour une période de 27 jours et températures maximales et minimales au cours de la période, d'après M. NICOLET, J. Geophys. Res. **68**, 6121–6144 (1963).

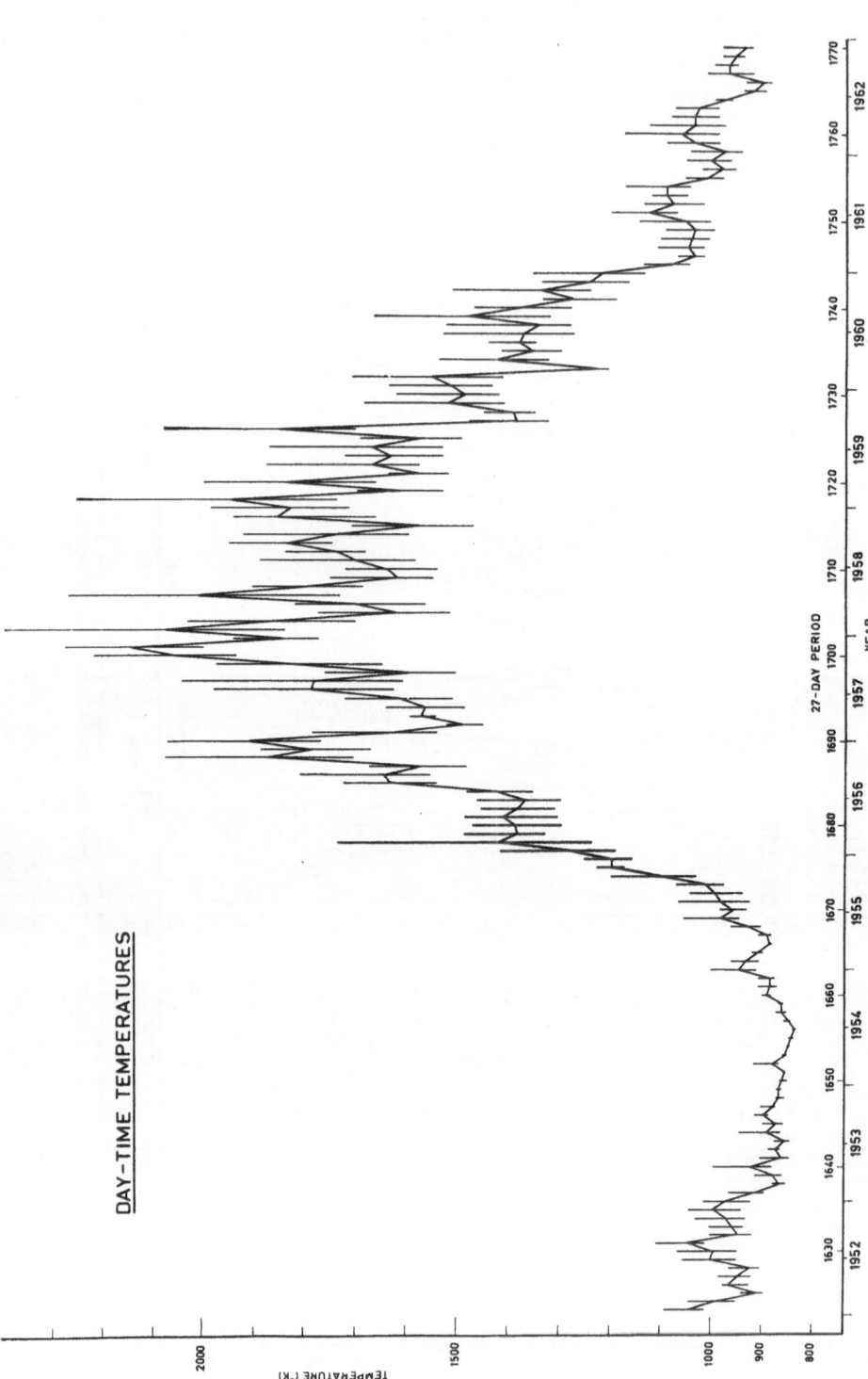

Fig. 2b. Températures de l'atmosphère supérieure pendant le jour pendant une période complète d'activité solaire de 1952 à 1962. Valeur moyenne pour une période de 27 jours et températures maximales et minimales au cours de la période, d'après M. Nicolet, J. Geophys. Res. **68**, 6121–6144 (1963)

V. La composition et la densité de la thermosphère

Jusqu'à présent le nombre d'observations effectuées à l'aide de fusées est loin d'être suffisant pour déterminer la composition et la densité de la thermosphère au-dessous de 200 km. Si la pression à 100 km est estimée à 3×10^{-4} mm Hg, on doit cependant retenir que les quelques observations effectuées indiquent des valeurs correspondant à: $(2,5 \pm 1,5) \times 10^{-4}$ mm Hg. D'autre part, l'incertitude est également très grande à 200 km malgré une analyse continuelle des variations de la période des satellites. On a obtenu des valeurs de la densité $\varrho = (4 \pm 2) \times 10^{-13}$ g cm^{-3}. On ne peut à présent déterminer les variations et fixer avec certitude la valeur absolue de la densité. On se rend compte de l'imprécision des données d'observation lorsqu'on détermine les conditions atmosphériques à 200 km à partir de conditions aux limites inférieures à 120 km, par exemple. En effet, pour une densité fixée à 120 km avec une température variant de $\pm 30°$ K ($325°$ K $\pm 30°$ K par exemple), on obtient toutes les conditions possibles à 200 km avec une variation du gradient β de la hauteur d'échelle de ± 0.1.

Les observations spectroscopiques ne sont pas encore suffisamment nombreuses, ni suffisamment précises, en vue de permettre une analyse adéquate des rapports de concentration des constituants dans la thermosphère. D'autre part, les observations à l'aide du spectrographe de masse ne fournissent encore que des indications pour les constituants neutres.

En bref, on peut considérer qu'à l'heure actuelle, la composition de la thermosphère n'est déterminée qu'avec une certaine approximation. Il est permis d'affirmer que les concentrations des constituants thermosphériques ne sont pas connues avec une précision supérieure à $\pm 50 \%$. Jusqu'à présent, trop de facteurs d'incertitude existent encore dans les déterminations expérimentales. D'autre part, les conditions atmosphériques n'ont pas été suffisamment stables par suite des variations considérables de l'activité solaire depuis que l'on a procédé à des observations directes. Il conviendrait de profiter de la prochaine période de soleil calme pour effectuer des observa-

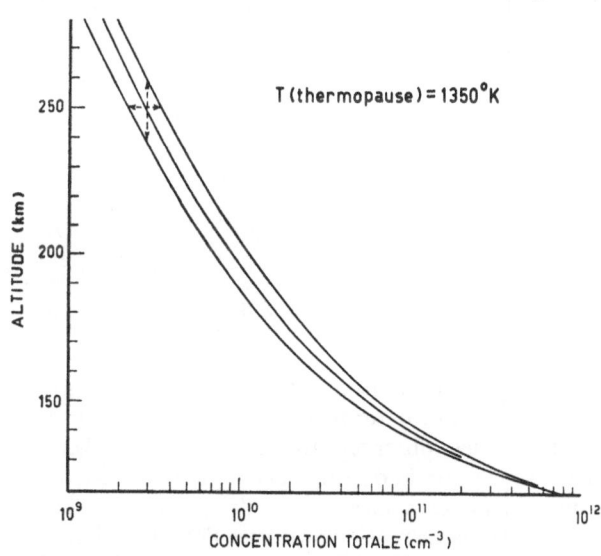

Fig. 3. Distribution verticale de la concentration totale pour des conditions physiques identiques correspondant à une variation de pression de $\pm 10 \%$ à 120 km, c'est-à-dire à une variation de température de $\pm 30°$ K

tions précises en vue de les analyser à l'aide de paramètres expérimentaux qu'il est nécessaire de déterminer à nouveau au laboratoire.

La Fig. 3 indique quelles sont les variations auxquelles on peut s'attendre alors que la densité à 120 km et la température de la thermopause sont fixées. La seule variation admise est celle de la pression qui est de $\pm 10 \%$ à 120 km. Dans ce cas, on ne peut préciser la densité vers 250 km qu'à ± 10 km près. D'autre part, la température de la thermopause n'est fixée qu'à $\pm 50°$ K si on considère les densités à des altitudes de l'ordre de 500 km.

VI. La densité et la température de l'atmosphère isotherme

Au-delà de 300 km, il existe un nombre suffisant d'observations permettant de déterminer dans les grandes lignes quelle est la constitution de l'hétérosphère dès que l'on admet que l'atmosphère est isotherme. Au lieu de l'éq. (1), on écrit:

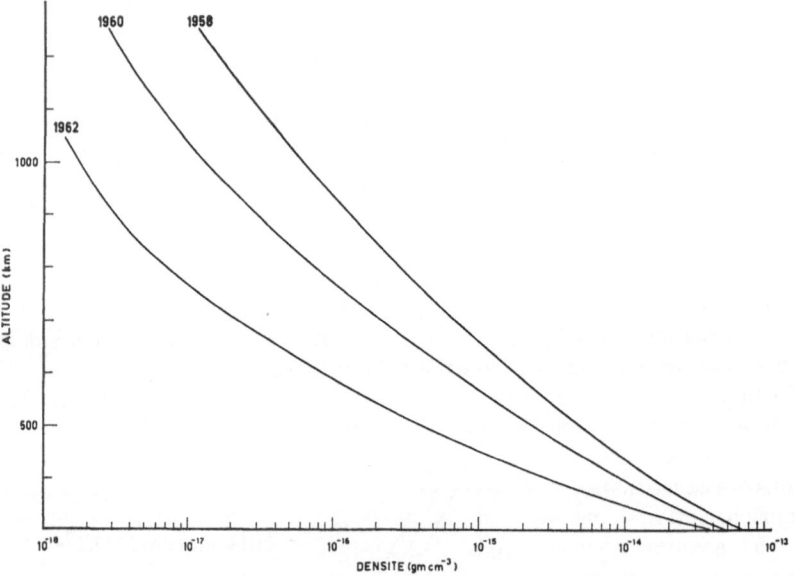

Fig. 4. Variation de la densité moyenne dans l'atmosphère supérieure pour des conditions moyennes de nuit correspondant aux années 1958, 1960 et 1962

$$\frac{d\varrho\, g}{\varrho\, g} = -\frac{1+\beta}{\beta}\,\frac{dH}{H} \qquad (26)$$

où

$$\frac{dH}{H} + \frac{dg}{g} = -\frac{dm}{m} \qquad (27)$$

Ainsi, la distribution verticale de la densité dépend essentiellement pour une température déterminée, de la variation de la masse moléculaire moyenne. L'analyse des observations effectuées par Jacchia, King-Hele et d'autres montre bien que la décroissance de la densité avec l'altitude est beaucoup moins rapide au fur et à mesure que l'altitude augmente. Ce fait traduit une décroissance de la masse moléculaire avec l'altitude. Par exemple, à la Fig. 4, la variation de la densité représentée par la courbe moyenne des conditions de jour en 1958 s'explique, dans le cas d'une température moyenne 1850° K, par une diminution de la masse moléculaire $M = 16$ à 700 km jusqu'à $M = 8$ à 1250 km. Ceci signifie que l'on passe entre ces deux niveaux d'une atmosphère composée presque exclusivement d'oxygène atomique à une atmosphère dominée par l'hélium. En 1960, la densité absolue a nettement diminué par suite de la diminution d'environ 450° K de la température de l'atmosphère isotherme. La nature de la variation de la densité avec l'altitude exprime le passage d'une masse moléculaire moyenne $M = 16$ à 600 km jusqu'à M de l'ordre de 4 à 1300 km, c'est-à-dire la transition de la ceinture d'oxygène atomique à celle d'hélium. Enfin, les faibles densités de 1962 correspondant à une température de l'ordre de 1000° K indiquent que l'effet de l'hydrogène se manifeste aux altitudes supérieures à 1250 km. On peut donc dire que l'effet du chauffage de la thermosphère par l'ultraviolet solaire est bien lié à la variation de l'activité solaire. La variation relativement faible de la densité à 300 km peut dépendre également de la variation des conditions aux limites inférieures vers 100—120 km. Toutefois, elle ne peut expliquer les fortes variations observées aux altitudes supérieures à 500 km. Celles-ci ne peuvent s'interpréter que par des différences réelles de la température de l'atmosphère isotherme. En outre, le taux de décroissance de la densité avec l'altitude pour une température déterminée ne peut s'expliquer que par une diminution progressive de la masse moléculaire moyenne avec l'altitude. L'effet de la diffusion des gaz dans le champ de la pesanteur est tel que des constituants

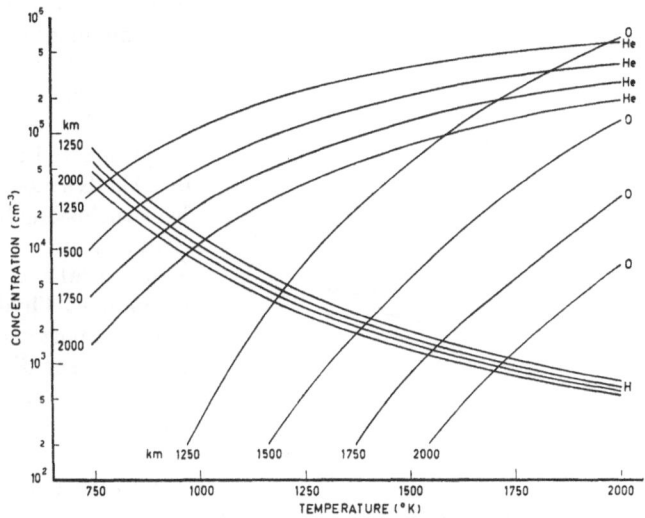

Fig. 5. Concentrations de l'hydrogène atomique, de l'hélium et de l'oxygène atomique en fonction de la température à 1250, 1500, 1750 et 2000 km, en fonction de la température de la thermopause, d'après KOCKARTS et NICOLET, Ann. Géophys. **19**, 370—385 (1963)

secondaires tels que l'hélium et l'hydrogène dont la proportion par volume n'est que de l'ordre de 5×10^{-6} dans l'homosphère peuvent devenir des constituants principaux respectivement au-dessus de 500 km et 1500 km pour des valeurs appropriées de la température de la thermopause.

VII. Les conditions dans l'exosphère

Lorsque les conditions physiques sont telles que les collisions deviennent peu nombreuses, on se trouve dans l'*exosphère*. Les atomes arrivant dans l'exosphère dont la vitesse cinétique est supérieure à la vitesse de libération (>11 km sec^{-1}) peuvent donc d'échapper de l'atmosphère terrestre. Il en résulte donc que les conditions de distribution verticale de tels atomes ne peuvent plus dépendre de la distribution hydrostatique. D'ailleurs, l'éq. (26) appliquée à un constituant avec

$$\frac{dH}{H} = -\frac{dg}{g} = -\frac{2 \, dr}{r} \tag{28}$$

indique que la densité ne serait pas nulle même à l'infini. En pratique, on peut toutefois constater que pour des éléments relativement lourds tels que l'azote et l'oxygène, l'application de l'éq. (26) peut être admise. Mais le problème est différent pour l'hélium et l'hydrogène.

Dans le cas de l'hydrogène atomique, on doit tenir compte du fait que le flux de libération dans l'exosphère est essentiellement fonction de la température alors que le flux de diffusion est limité par le transport que peut supporter la diffusion dans les couches inférieures. Le résultat effectif est que la diffusion limite le flux de libération. Comme la vitesse d'effusion augmente avec la température, on doit donc s'attendre à une variation de la concentration d'hydrogène atomique à tous les niveaux liée à la valeur absolue de la température. La Fig. 5 indique bien que les concentrations de l'hydrogène augmentent tandis que celles de l'oxygène atomique et de l'hélium diminuent lorsque la température de l'atmosphère isotherme passe de 2000°K à moins de 1000°K. En conclusion, tous les constituants de l'hétérosphère, c'est-à-dire l'azote, l'oxygène, l'hélium et l'hydrogène ont des comportements divers et il convient d'étudier leurs propriétés sous des formes différentes.

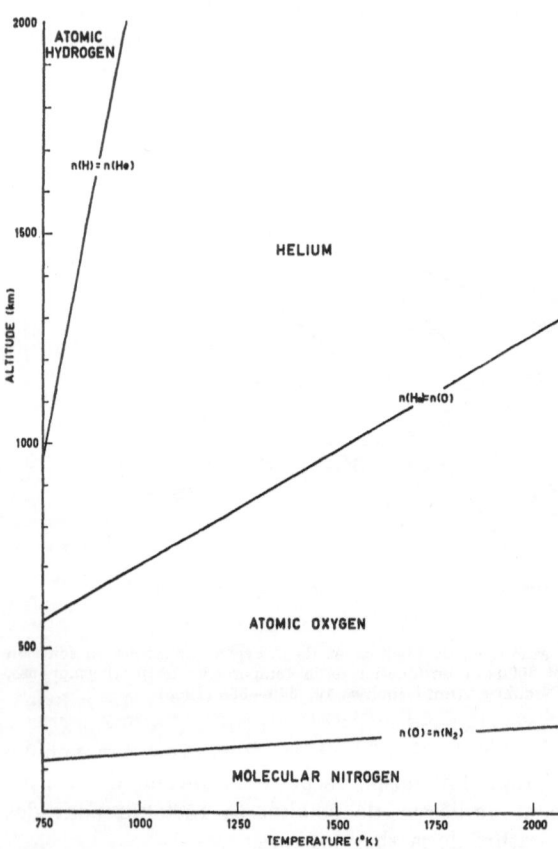

Fig. 6. Variation des limites inférieures et supérieures des ceintures atomiques d'oxygène, d'hélium et d'hydrogène en fonction de la température de la thermopause, d'après Kockarts et Nicolet, Ann. Géophys. 19, 370—385 (1963)

VIII. Conclusions

Les résultats d'observation basés sur les données obtenues à l'aide des fusées et satellites conduisent à considérer le problème de l'hétérosphère sous de nouveaux aspects. Tout d'abord, le bilan thermique doit être déterminé en introduisant dans la thermosphère l'effet de chauffage de l'ultraviolet solaire variable au cours d'un cycle undécennal d'activité et celui du refroidissement essentiellement lié au transport de la chaleur par conduction. Ensuite, la photodissociation de l'oxygène moléculaire constitue la source essentielle des atomes d'oxygène. De plus, la diffusion des gaz dans le champ de la pesanteur maintient les constituants moléculaires au-dessus des limites normales correspondant à l'équilibre de dissociation. Au surplus, la diffusion normale établit la prédominance de l'oxygène atomique dans la thermosphère supérieure (Fig. 6). Enfin, les éléments les moins abondants dans l'homosphère finissent par dominer l'azote et l'oxygène et créent les ceintures d'hélium et d'hydrogène, avant de s'échapper sous l'une ou l'autre forme de l'exosphère.

New Measurements of the Interplanetary Plasma and Their Interpretation

By

L. Biermann[1]

That the space between the sun and the earth is at least temporarily pervaded by solar plasma, of a velocity of the order of 1,000 km/sec, has been believed since long ago on the basis of CHAPMAN and FERRARO's theory of magnetic storms, first proposed about 30 years ago. Other observations, about which I shall speak later, indicated that the flow of solar plasma should be regarded as a normal feature of interplanetary space, not confined to the vicinity of the ecliptic plane and not too strongly dependant on time and position. This concept led to the now familiar term "solar wind," proposed by E. PARKER, who presented at the same time a hydrodynamic theory of its origin in the solar corona.

To this point, the whole picture depended on the theoretical interpretation of certain observations. Direct measurements of this interplanetary plasma from satellites or space probes were not easy to carry out. The energy of the ions— mainly protons and a few (perhaps 10%) alpha-particles—amounts only to some hundred eV or a few keV, while the thermal energy of the electrons should be considerably smaller. The flux of ionizing quanta of solar UV light is much larger, by a factor of the order of 100, than the flux of ions and electrons. For this reason it is important to eliminate carefully secondary effects due to photo-electrons produced in the plasma spectrometer itself.

The first—unfortunately few—direct measurements of the interplanetary plasma were made from Russian lunar and interplanetary probes, and the first continuous set of measurements extending over 1 1/2 days from the US satellite Explorer X. Unfortunately, the latter moved most of the time in the vicinity of the boundary of the earth's magnetosphere, the nearness of which apparently affected the measurements to some extent.

The measurements made by M. NEUGEBAUER and C. SNYDER in the fall of 1962 (from August 29 till December 17) with the US space probe Mariner II on its way to Venus give for the first time almost continuous information on the interplanetary plasma and the interplanetary magnetic field for a period of more than 100 days[2].

---

[1] Director, Institut für Astrophysik am Max-Planck-Institut für Physik und Astrophysik, Munich, German Federal Republic.

[2] For the results, see the paper given by C. W. SNYDER and M. NEUGEBAUER at the COSPAR-Meeting in Warsaw, June 3 to 11, 1963, and at the Plasma Space Science Symposium in Washington, June 11 to 14, 1963. (The author is indebted to Drs. SNYDER and NEUGEBAUER for permission to quote from these largely unpublished results.)

I would like to discuss first some technical details which are important for interpretation of the measurements. The spectrometer measured the energy distribution of the incoming protons in 10 steps between 231 eV and 8224 eV corresponding, for protons, to a velocity of 210 resp. 1255 km/sec. The effective width of each step was of the order of 10% around the median value of the energy (e.g. 231 eV), which resulted in the fact that ordinarily only a fraction of the incoming protons was measured. The measurement for the flux of incoming protons required 16 sec of time for each of the 10 steps, which meant that the different measurements making up into a whole scan were separated in time by up to 1 or 2 minutes. 16 such energy spectra were taken per hour. The space probe and the opening of the spectrometer were directed towards the sun with an accuracy of 0.1°. The response function of the spectrometer was such that particles coming from a direction deviating from the symmetry axis were measured with a decreasing efficiency, such that a deviation of 5° was equivalent to a reduction of the effective aperture of the instrument by something like 40 or 50%, depending on the exact energy distribution. For the reduction, it was assumed that the particles came from the exact direction of the sun and that the angle of incidence corresponded exactly to the ratio given by the transverse velocity of the spacecraft and the velocity of the particle at that particular instant. Since the average transverse velocity of the spacecraft was between 30 and 40 km/sec, while the measured velocities were mostly in the range 300—600 km/sec, the correction depending on this angle was by no means small. The assumption that the true direction of the plasma flux in interplanetary space is strictly radial is, in fact, mainly justified by the observations of the plasma tails of comets, which at the same time indicate that there are often fluctuations of the order of some degrees of arc—occasionally up to 10°—around the average direction.

A few examples of such energy spectra have been published[1]. Some of these spectra show an energy distribution of the incoming ions between 3 or 4 adjacent steps with a single maximum, while others show 2 maxima separated by approximately a factor of 2 in the energy, in such a way that the maximum corresponding to the higher energy was lower in flux by a factor of the order of 10. It is likely that the presence of the second maximum is due to the helium component, which may well contribute 10% of the total flux. Since the protons and the alpha-particles would be expected to travel with the same average velocity, the different mass-to-charge ratio of the protons and alpha-particles should result in the presence of a second maximum, if there were no fluctuations during the time required to complete the set of measurements in question. Since in many other spectra no secondary maxima are seen, the fluctuations of the velocity must have been considerable in these cases. Using certain assumptions as to the directional distribution of the "thermal" velocities, a kind of ion temperature could also be derived; this was found to be of the order of 10^5 degrees. By combining the value of the average ion velocity with the flux, a value for the number density of ions can be derived. These values range from one or a few ions per cc up to 20 or 30 per cc, the flux ordinarily being in the range of 10^8 to several 10^8 ions per cm²sec. The method of reduction probably has the consequence that the value of the number density is less certain than the flux and that both are more likely to be underestimated than overestimated.

The first results of the plasma measurements, the reduction of which is still

---

[1] In addition to the paper of M. NEUGEBAUER and C. SNYDER referred to above, see also Science **138**, 1095 (1962).

in progress, are as follows: During the whole time of 104 days (corresponding to more than 4 1/2 solar rotations) during which measurements were available, there was always some plasma flux from the sun of the order of 10^8 ions per cm²sec or more. The average plasma velocity ranged from 350 to about 800 km/sec and was found to correlate with the indices of geomagnetic activity, showing a similar recurrence tendency with the apparent period of rotation of the sun as is known in geomagnetism. This indicates that the M-regions[1] contribute considerably to the interplanetary plasma and that the plasma is emitted from these regions with a somewhat higher velocity.

The velocity usually varied a great deal, rarely being constant for more than a few hours. This variability might indicate a considerable degree of turbulence of the interplanetary plasma, in spite of the fact that the whole period was geomagnetically moderately quiet. A fairly sizable "sudden-commencement magnetic storm" of October 7 showed up in a considerable change in the plasma current, indicating first an increase of the flux coupled with a moderate increase of the velocity, and then later a continuous increase of the plasma velocity, while the total flux returned to its former value or even dropped somewhat below it. The interpretation of this probably unexpected behaviour is still uncertain; the limitations imposed by the techniques employed (see above) may have had some influence on the measurements.

I next turn to the measurements of the interplanetary magnetic fields, carried out in the experiment made by P. J. COLEMAN, L. DAVIS, E. J. SMITH and C. P. SONETT[2]. The components of the interplanetary magnetic field were measured every 37 sec by a triaxial flux gate magnetometer, the sensitivity of which was better than 1 gamma (10^{-5} Gauss). These measurements were naturally influenced by the magnetic fields produced by the electric currents within the space craft itself. For the two components perpendicular to the radial direction towards the sun, it was possible to determine the spacecraft field independently with some accuracy, while the zero point of the radial component could not be established.

The main results of these measurements were as follows: There was always some magnetic field of the order of a few gamma in interplanetary space; at times, as, for instance, during the magnetic storm mentioned above, the magnetic field rose to several times 10 gamma. The fluctuations of the magnetic field were particularly large during periods in which the average plasma velocity was rising steeply. Also, the magnetic field often showed a great deal of variability during very short periods of time, again indicating a condition which can probably be described as turbulent. While averages taken over a fraction of a day or shorter periods of time showed this variability, daily averages indicated a slow variation with a period corresponding to the rotation of the sun and also, at least at times, a correlation between the radial component and the azimuthal component parallel to the sun's equator of such a kind as would be caused by the large-scale spiral character of the magnetic lines of force in interplanetary space. While one of these features could be correlated with the presence on the solar disk of a long-lived unipolar magnetic region, the interpretation of the whole picture is still rather obscure. A large-scale structure of spiral type was discussed, e.g. by E. PARKER, while MUSTEL and DE JAGER, among others, discussed the alternative of magnetized clouds being continuously emitted by the sun. R. LÜST and the present author have recently shown that, on this basis,

---

[1] J. BARTELS, Terr. Magn. 39, 201—202 (1934).

[2] Science 138, 1099 (1962). (The author is indebted to Dr. DAVIS and his colleagues for permission to make use of the results prior to a publication.)

present measurements can be correlated with the theoretical picture proposed by H. Babcock for the interpretation of the magnetic cycle of the sun.

The most conservative statement which can perhaps be made today is that probably both pictures seem to apply partially, although one could not claim that this exhausts the important features of the situations.

If, in closing, we try to summarize what is known about the properties of the interplanetary plasma, we can perhaps say the following:

In the vicinity of the ecliptic plane between Venus and the Earth, and in the opposite direction by the measurements obtained with the recent Russian space probe directed towards Mars, to a point somewhat beyond the Earth's orbit, we have evidence from direct measurements. This evidence shows the continuous presence of solar plasma moving radially with a velocity of some 100 km/sec and a density of a few ions per cc or more. Closer to the sun, we still have to rely on radio-astronomical observations of radio point sources or on direct measurements of scattered solar light in the outer corona, which give information only on the presence of plasma, but not on its state of motion. At larger distances from the ecliptic plane, we have as yet only the evidence from the behaviour of the plasma tails of comets, which indicates no substantial difference between the vicinity of the ecliptic plane and those parts of interplanetary space, which are at higher latitude. The evidence known from the comets until two years ago pertained only to distances from the sun out to 1 1/2 or perhaps 2 a.u. Quite recently, however, comet Humason (1961e) was observed to have a plasma tail at distances between 2 1/2 and more than 4 a.u.; since this tail showed all the characteristic features known from nearer comets, there seems little doubt that the essential properties of the interplanetary plasma were at least for this period of time more or less the same as between Venus and Mars. If we ask for dependence on solar activity over long periods of time, we still have to rely on evidence provided by geomagnetic measurements (going back about 100 years) and by comets.

As much as it is to be hoped that new direct measurements will insure that the less direct conclusions are checked in detail, it still seems that, for a long time to come, our understanding will depend on a combination of direct measurements with the older methods of astronomical and geophysical observation.

Manifestations des poussières météoriques au voisinage de la Terre

Par

F. Link[1]

(Avec 9 Figures)

1. Introduction

Pour la commodité de langage nous avons adopté le terme de poussières météoriques aussi bien pour les micrométéorites que pour les restes des météores volatilisés dans la haute atmosphère terrestre. Il sera d'ailleurs facile d'en faire distinction là où ce sera nécessaire ou possible. Les p.m. se manifestent au voisinage de la Terre de trois manières différentes:

A) Dans les collectes effectuées sur la Terre, dans son atmosphère ou dans l'espace cosmique voisin.

B) Par les effets optiques dus à la diffusion ou à l'extinction de la lumière.

C) Par l'énergie cinétique agissant sur la haute atmosphère.

Le sort des p.m. parcourt aux environs de la Terre trois étapes successives:

1) Loin de la Terre les p.m. animées de leur grande vitesse cosmique commencent à être captées par son champ de gravitation et pénètrent finalement dans la haute atmosphère.

2) Un freinage dans les couches entre 200 et 100 km d'altitude réduit leur vitesse cosmique à celle de la chute libre, ou bien les corps plus ou moins massifs sont dispersés et transformés en p.m. à la même étape.

3) La sédimentation des p.m. dans l'atmosphère, c'est-à-dire la chute libre dans le milieu résistant de l'atmosphère, perturbée par les mouvements et effets divers et finalement la déposition sur le sol ou au fond des océans.

Quant au développement historique de notre thème, on a progressé sensiblement du bas en haut ou *grosso modo* de A par B à C dans notre classification ci-dessus et c'est aussi dans le même sens que nous allons l'examiner dans ce rapport.

2. Collectes terrestres

Les p.m. sont entrées sur la scène scientifique en 1870 sous la dénomination de la cryoconite trouvée par NORDENSKIÖLD sur les glaces arctiques [1] et peu après sous la forme des sphérules cosmiques découvertes en 1876 par MURRAY au fond des océans [2]. Depuis cette époque les collectes se sont multipliées sous différentes formes, comme nous les trouvons dans le livre de BUDHUE [3] et dans la bibliographie de HOFFLEIT [4] et dans la suite par HODGE, WRIGHT et HOFFLEIT [5].

Dans ces travaux on peut suivre les trois tendances suivantes destinées à combattre les effets nuisibles de la contamination terrestre:

---

[1] Institut Astronomique de l'Académie des Sciences, Prague, Tchécoslovaquie.

a) Chercher la présence du fer, du nickel et aussi celle du cobalt qui sont plus ou moins caractéristiques aux météorites.

b) Chercher les sphérules cosmiques.

c) Chercher une relation avec les essaims météoriques.

Il existe en principe deux méthodes de collectes. La *méthode statique* consiste à ramasser dans les réservoirs appropriés (pluviomètres) tout ce qui tombe du haut. On peut utiliser dans ce but aussi des surfaces collantes. Si S est la surface effective du collecteur, t la durée de la collecte et M la masse du résidu solide d'origine météorique, l'accrétion météorique sera définie par

$$A = \frac{M}{S\,t} \; [g \, cm^{-2} \, sec^{-1}] \tag{1}$$

C'est toujours dans ces unités que nous exprimerons les différentes accrétions dans ce rapport (voir le Tableau I).

Tableau I. *Equivalents d'accrétions météoriques*

A Par cm² et seconde grammes	A′ toute la Terre par jour tonnes	A″ toute la Terre par an tonnes
10^{-10}	$4,4 \cdot 10^7$	$1,6 \cdot 10^{10}$
10^{-11}	$4,4 \cdot 10^6$	$1,6 \cdot 10^9$
10^{-12}	$4,4 \cdot 10^5$	$1,6 \cdot 10^8$
10^{-13}	$4,4 \cdot 10^4$	$1,6 \cdot 10^7$
10^{-14}	$4,4 \cdot 10^3$	$1,6 \cdot 10^6$
10^{-15}	$4,4 \cdot 10^2$	$1,6 \cdot 10^5$
10^{-16}	$4,4 \cdot 10^1$	$1,6 \cdot 10^4$
10^{-17}	$4,4 \cdot 10^0$	$1,6 \cdot 10^3$
$2,3 \cdot 10^{-10}$	10^8	$3,6 \cdot 10^{10}$
$2,3 \cdot 10^{-11}$	10^7	$3,6 \cdot 10^9$
$2,3 \cdot 10^{-12}$	10^6	$3,6 \cdot 10^8$
$2,3 \cdot 10^{-13}$	10^5	$3,6 \cdot 10^7$
$2,3 \cdot 10^{-14}$	10^4	$3,6 \cdot 10^6$
$2,3 \cdot 10^{-15}$	10^3	$3,6 \cdot 10^5$
$2,3 \cdot 10^{-16}$	10^2	$3,6 \cdot 10^4$
$2,3 \cdot 10^{-17}$	10^1	$3,6 \cdot 10^3$
$6,22 \cdot 10^{-10}$	$2,7 \cdot 10^8$	10^{11}
$6,22 \cdot 10^{-11}$	$2,7 \cdot 10^7$	10^{10}
$6,22 \cdot 10^{-12}$	$2,7 \cdot 10^6$	10^9
$6,22 \cdot 10^{-13}$	$2,7 \cdot 10^5$	10^8
$6,22 \cdot 10^{-14}$	$2,7 \cdot 10^4$	10^7
$6,22 \cdot 10^{-15}$	$2,7 \cdot 10^3$	10^6
$6,22 \cdot 10^{-16}$	$2,7 \cdot 10^2$	10^5
$6,22 \cdot 10^{-17}$	$2,7 \cdot 10^1$	10^4

Dans un régime stable on peut admettre la continuité du flux aux différents niveaux de l'atmosphère et la méthode statique fournit par suite aussi la valeur de l'accrétion à l'entrée dans l'atmosphère.

La *méthode cinétique* fait déplacer rapidement le collecteur par rapport aux p.m., par ex., en faisant passer un volume d'air V_0 par seconde à travers un filtre. Si m est la concentration des p.m. au niveau du collecteur et M' leur masse captée sur le filtre on aura pour la valeur de l'accrétion

$$A = mv = \frac{M'}{V_0}\, v \tag{2}$$

où v est la vitesse de chute des p.m. La méthode cinétique est plus sensible et plus rapide que la méthode statique, car la même quantité des p.m. est captée dans un temps t' par la méthode cinétique

$$t' = \frac{vS}{V_0}\, t \tag{3}$$

qui est plus court que le temps t nécessaire dans la méthode statique.

Par contre, les collectes cinétiques sont sélectives, quant à la grandeur des p.m., du fait que la vitesse de chute en dépend, les grosses particules étant dé-

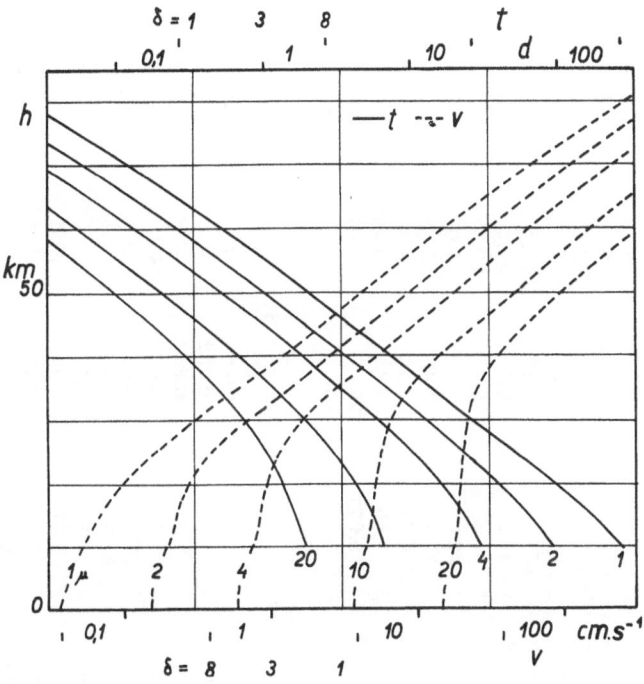

Fig. 1. La chute des particules sphériques dans l'atmosphère calme. La vitesse v et la durée de chute t en fonction du rayon (en μ) et de l'altitude h (en km). En haut l'échelle horizontale de t pour les densités $\delta = 1$, 3 et 8; en bas l'échelle horizontale de v pour les densités $\delta = 8$, 3 et 1

favorisées par rapport aux fines. Cette erreur peut être en partie compensée par l'efficacité du filtre plus grande pour les grosses particules.

En ce qui concerne la vitesse de chute d'une particule sphérique de rayon a et de densité δ la théorie donne la formule générale [6]

$$v = \frac{2}{9}\, \frac{a^2 g\, \delta}{\mu}\left[1 + \frac{l}{a}\left(0,882 - 0,281\ \exp - 1,57\, \frac{a}{l}\right)\right] \tag{4}$$

où μ est le coefficient de viscosité et l le libre parcours des molécules d'air. Dans les parties élevées de l'atmosphère on a la formule approximative

$$v_1 = 13\, \frac{a\delta}{\varrho} \tag{5}$$

où ϱ est la densité relative de l'air, et dans la basse atmosphère

Tableau II

h km	0,8 μ v cm/sec	0,8 μ t/j	1 μ v cm/sec	1 μ t/j	2 μ v cm/sec	2 μ t/j	3 μ v cm/sec	3 μ t/j	4 μ v cm/sec	4 μ t/j
1,2	0,009	—	0,013	—	0,051	—	0,112	—	0,199	—
5	0,009	—	0,014	—	0,054	—	0,118	—	0,216	—
10	0,012	1.133	0,018	816	0,064	280	0,140	145	0,245	90,5
15	0,015	695	0,022	515	0,073	195	0,154	106	0,266	67,8
20	0,023	383	0,031	295	0,091	124	0,182	71,4	0,310	47,7
25	0,042	199	0,053	157	0,132	72,4	0,241	44,0	0,380	30,7
30	0,079	102	0,100	81,2	0,220	39,4	0,363	24,8	0,534	18,2
35	0,156	52,2	0,196	41,8	0,410	20,8	0,642	13,4	0,890	10,0
40	0,315	27,6	0,397	22,0	0,808	11,0	1,24	7,18	1,68	5,44
45	0,586	14,7	0,732	11,7	1,48	5,88	2,23	3,88	3,02	2,97
50	1,10	7,82	1,37	6,24	2,76	3,10	4,09	2,07	5,59	1,57
60	3,77	2,06	4,71	1,60	9,44	0,803	14,1	0,551	19,0	0,409
80	69,0	0,101	86,1	0,077	173	0,038	258	0,026	344	0,019
100	1.625	0	2.030	0	4.140	0	6.140	0	8.130	0

h km	5 μ v cm/sec	5 μ t/j	7 μ v cm/sec	7 μ t/j	8 μ v cm/sec	8 μ t/j	10 μ v cm/sec	10 μ t/j	20 μ v cm/sec	20 μ t/j
1,2	0,309	—	0,602	—	0,782	—	1,22	—	4,87	—
5	0,323	—	0,630	—	0,823	—	1,28	—	5,06	—
10	0,378	62,3	0,732	35,4	0,954	28,4	1,48	19,5	5,86	5,86
15	0,416	47,7	0,778	27,4	1,01	22,5	1,56	15,6	6,13	4,90
20	0,458	34,5	0,857	20,8	1,10	17,0	1,68	12,1	6,36	3,97
25	0,549	23,0	0,980	14,5	1,24	12,1	1,86	8,84	6,79	3,10
30	0,730	14,0	1,21	9,21	1,49	7,80	2,14	5,91	7,11	2,26
35	1,16	7,83	1,78	5,33	2,13	4,57	2,90	3,60	8,33	1,51
40	2,14	4,27	3,18	2,98	3,63	2,57	4,73	2,06	11,6	0,921
45	3,81	2,32	5,44	1,63	6,29	1,40	8,02	1,13	17,8	0,529
50	7,00	1,24	9,91	0,872	11,40	0,754	14,4	0,608	31,0	0,292
60	23,8	0,334	33,4	0,231	38,2	0,200	47,7	0,162	102,3	0,080
80	433	0,015	604	0,011	690	0,095	865	0,008	1.735	0,004
100	10.100	0	14.200	0	16.230	0	20.300	0	41.300	0

$$v_2 = 1{,}3 \; 10^6 \; a^2 \; \delta. \tag{6}$$

La durée de chute entre les niveaux h_1 et h_2 est donnée par l'intégrale

$$t = \int_{h_1}^{h_2} \frac{dh}{v} \tag{7}$$

évaluée par une méthode numérique à partir de la structure connue de l'atmosphère. Une approximation valable dans une atmosphère isotherme donne

$$t = \frac{1{,}27 \cdot 10^{-5}}{a^2 \delta} \log_{10} \left(1 + \frac{a \, \varrho_1}{8 \cdot 10^{-6}} \right) \text{(en jours)} \tag{8}$$

Quelques valeurs de v et t en fonction de a sont données dans le Tableau II et représentées sur la Fig. 1. Les mouvements de l'atmosphère peuvent modifier ces résultats dans certains cas, mais d'une façon générale on peut s'en servir dans la discussion des relations entre les essaims météoriques et leurs influences dans la basse atmosphère.

La majeure difficulté des collectes terrestres est dans la séparation correcte des composantes cosmique et terrestre. Un des critères généralement admis et assez sensible est la présence du nickel. Dans l'ensemble des météorites la teneur moyenne en nickel est $K_m = 2{,}5\%$ environ, donc beaucoup plus grande que celle dans l'écorce terrestre $K_t < 0{,}01\%$. Si la microanalyse fournit les concentrations de Ni et de Fe dans la collecte ou au moins leur rapport $\text{Ni} : \text{Fe} = K_0$ le rapport de la composante météorique m et de la composante terrestre t sera

$$p_0 = \frac{m}{t} = \frac{K_0 - K_t}{K_m - K_0} \tag{9}$$

qui peut servir dans la discussion des résultats.

La limite supérieure de l'accrétion est donnée par le ralentissement séculaire de la rotation terrestre qui demanderait une accrétion [7, 8] de $5 \cdot 10^{-10} \, \text{g cm}^{-2} \, \text{sec}^{-1}$. En réalité ce phénomène est en grande partie (80—90%) dû à d'autres causes et partant la valeur ci-dessus doit être comme la limite supérieure de l'accrétion.

3. Résultats des collectes terrestres

Dans la suite nous allons donner les résultats de quelques séries de collectes terrestres qui n'ont pas tellement la prétention d'être complets, mais plutôt de montrer les particularités et les difficultés rencontrées dans ce genre de recherches.

a) Les collectes abyssales de PETTERSON et ROTSCHI [9] sont les carottages des fonds des océans en particulier de l'Océan Pacifique. La microanalyse des carottes à différentes profondeurs a révélé la teneur anormale en nickel que les auteurs expliquent par l'accrétion météorique. C'est ainsi que dans la vase de l'Océan Pacifique central on a trouvé la teneur de 0,040 de Ni, tandis que le matériau sous-marin des fonds n'en contient que 0,007%. D'après la vitesse de sédimentation connue on a trouvé le dépôt de Ni égal à $2{,}5 \cdot 10^{-16} \, \text{g} \cdot \text{cm}^{-2} \, \text{sec}^{-1}$. Si le matériel météorique contient en moyenne 2% de Ni, l'accrétion météorique serait de $10^{-14} \, \text{g cm}^{-2} \, \text{sec}^{-1}$.

Les mêmes carottages ont fourni quelques informations sur les sphérules magnétiques [10]. On en a trouvé des centaines ou des milliers par kilogramme de sédiments et l'accrétion conclue est égale à $3 \cdot 10^{-17} \, \text{gcm}^{-2}\text{sec}^{-1}$ en sphérules bien entendu.

b) Les filtrages de l'air aux îles de Hawaii par Petterson [11] ont été effectués à l'altitude de 3 km. Les résultats sont positifs dans 29 de 31 cas en ce qui concerne la présence de nickel. La microanalyse a donné les résultats moyens suivants

$$Ni \quad 14,3 \cdot 10^{-15} g\ cm^{-3}$$

$$Fe \quad 1577 \cdot 10^{-15} g\ cm^{-3}$$

On a donc le rapport $Ni:Fe = K_0 = 0,9\%$. Petterson admet pour le matériel météorique moyen $K_m = 2,5\%$ ce qui donne avec notre formule (9) le rapport $p_0 = 57\%$ d'où la conclusion que l'air contenait $5,72 \cdot 10^{-13}$ g cm^{-3} de p.m. Pour en calculer l'accrétion il faut connaître la vitesse de chute. Petterson adopte pour la durée de chute de 100 km au sol la valeur de 2 ans, comme le semble prouver l'expérience de Krakatoa en 1883. La vitesse moyenne est donc $v = 0,16$ cm sec^{-1} d'où l'accrétion d'après la formule (2) serait $A = 9 \cdot 10^{-14}$ g cm^{-2} sec^{-1}. Nous ferons toutefois remarquer que d'autres phénomènes plaident en faveur d'une chute plus rapide de 1 à 3 mois (N°. 6) et l'accrétion serait dans ce cas entre 10^{-12} et 10^{-13} de mêmes unités.

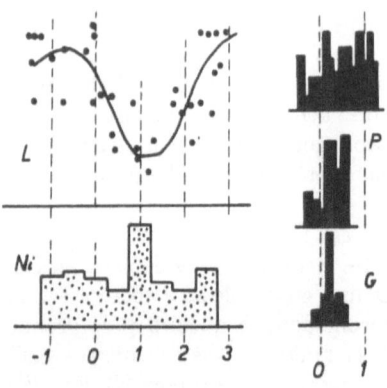

Fig. 2. Delais dus à la chute des particules météoriques: pour L la luminosité des éclipses de Lune (Svestka), pour Ni la teneur en nickel des collectes de Zacharov, pour P la teneur en fer après les Perséides en 1959 et 1960 et G après les Géminides en 1960 des collectes de Parkin et Hunter. Sur l'axe horizontal le temps en mois après le maximum (0) de l'essaim météorique

c) Les collectes de Zacharov [12] en Bohème méridionale consistaient à recueillir les poussières de toutes sortes et les précipitations atmosphériques dans les pluviomètres de 22 cm de diamètre munis de manchons protecteurs de Tretjakov. On a installé trois pluviomètres distants de plusieurs dizaines de km à l'altitude moyenne de 600 m. Entre 1954 et 1960 on a obtenu 150 collectes bihebdomadaires. Le contenu solide des collectes a été examiné par l'analyse spectrale en vue de déterminer les rapports $Ni:Fe = K_0$ pour chaque période de 15 jours.

Pour examiner l'influence possible des essaims météoriques on a groupé les résultats par la méthode de la superposition des époques pour les maxima de 7 principaux essaims. Les résultats montrent (Fig. 2) une augmentation très nette de K_0 dans le second groupe après les maxima des essaims, c'est-à-dire avec un délai allant de 14 à 42 jours ou en moyenne 28 jours. Ce serait donc la durée de chute des p.m. depuis le niveau d'accrétion jusqu'au sol. La significance statistique de l'effet possède la probabilité supérieure à 99%.

On a ensuite déterminé la limite supérieure de l'accrétion. Si a est l'accrétion brute contaminée par les poussières d'origine terrestre, la limite d'accrétion météorique sera donnée par

$$A = a\ \frac{p_0\,\pi\,(\varkappa + 1)}{p_0\,\pi\varkappa + p\varkappa + \pi\varkappa + \varkappa}\ , \tag{10}$$

où π est la teneur en fer de la contamination terrestre $(=5\%)$ et $\varkappa$ la teneur en fer des météorites $(=47\%)$. Pour a on a trouvé en moyenne $a = 2,2 \cdot 10^{-9}$ g cm^{-2} sec^{-1} et pour p_0 d'après la formule (9) $p_0 = 3\%$. La limite supérieure de l'accrétion météorique serait alors $A = 7 \cdot 10^{-12}$ g cm^{-2} sec^{-1}.

d) Les collectes de Parkin et Hunter [13] aux îles de Scilly sont les filtrages de l'air par le vent à travers un tamis de nylon enduit de graisse. Les mailles avaient 0,71 mm d'ouverture laissant environ 54% de surface libre. Le tamis était tendu verticalement sur un cadre orienté perpendiculairement à la direction du vent à l'aide d'une girouette. Un anémomètre placé derrière le cadre mesurait le chemin parcouru par le vent. En multipliant la surface du tamis ($=1/2$ m²) par ce chemin et par l'efficacité ($=45\%$) du filtre on obtient le volume d'air filtré. La direction du vent donnait des indications sur la pollution terrestre probable de l'air.

Après chaque exposition de 2—4 jours on a lavé le tissu à l'essence pour enlever la graisse chargée de poussières. Le contenu solide a été soumis à la séparation magnétique et pesé à l'aide d'une microbalance magnétique à torsion. De cette façon on a pu obtenir le poids du dépôt magnétique à $\pm^1/_2$ µg près.

Les résultats considérés par les auteurs comme préliminaires sont néanmoins très intéressants. On a mis d'abord en évidence l'influence de plusieurs essaims météoriques (Perséides, Géminides et autres) par l'augmentation très marquée de la concentration en fer atteignant facilement le multiple de 5 à 10 du fond (Fig. 2). Le retard sur le maximum des essaims est de 3 jours environ. L'examen des collectes au microscope a révélé la présence de plusieurs flocules (0,1 mm) et d'une sphérule. La microanalyse électronique a montré la teneur élevée en Ni (8—20%) et en cobalt (2%). D'après la valeur de fond de la concentration qui est voisine de $2 \cdot 10^{-17}$ g cm⁻³ les auteurs concluent à l'accrétion 10^{-14} g cm⁻² sec⁻¹.

e) Les collectes d'Ankara par Kizilirmak [14] et Süslü [15] ont été discutées par Kreiken [16]. Dans ces collectes on s'est borné à ramasser les particules magnétiques sur des surfaces horizontales et de compter les nombres de particules sous le microscope. La courbe annuelle présente plusieurs maxima dont celui de septembre est environ de 3 semaines en retard sur le maximum des Perséides en août. Une collecte spéciale sur une surface de 1,28 m² pendant la période de 1956 (VI-29 à X-4)$=95$ jours a fourni $1,6 \cdot 10^{-3}$ g du matériau magnétique. En tenant compte de la variation annuelle on a calculé l'accrétion moyenne de $2 \cdot 10^{-14}$ g cm⁻² sec⁻¹.

f) Grjebin [17] a profité des collectes de retombées radioactives organisées en France dans 24 stations pour en sélectionner par les pesées sur une balance magnétique de précision la composante de Fe_2O_3 ou les valeurs correspondantes. Dans la période 1958,5—1963,0, il trouve la courbe des variations annuelles avec un maximum spectaculaire en août 1959. La valeur moyenne de l'accrétion obtenue en France est de 10^{-12} g cm⁻² sec⁻¹.

Pour discuter l'origine de cette accrétion l'auteur fait d'abord remarquer que les variations locales constatées sont indépendantes de la répartition des installations sidérurgiques en France d'autant plus que l'accrétion totale sur la Terre par an ($=10^8$ tonnes) est du même ordre que la production sidérurgique mondiale qui est donc insuffisante pour expliquer la valeur de l'accrétion. Il ne reste à discuter que la contamination par l'érosion éolienne de la surface terrestre. Ici encore l'auteur trouve que les variations sont indépendantes de l'état du sol (humide ou sec) et que la concentration des poussières magnétiques mesurée dans le ballon stratosphérique reste sensiblement la même de 10 à 32 km d'altitude sans parler du parallélisme fréquent des courbes en plusieurs stations même aux îles Kerguelen. Ces raisons font penser l'auteur à l'origine cosmique de l'accrétion. Une autre série de mesures à l'aide des deux pluviomètres à grande surface, un en France et l'autre au milieu de l'Atlantique, a donné l'accrétion $1,5 \cdot 10^{-11}$ g cm⁻² sec⁻¹.

4. Collectes stratosphériques

Dans la stratosphère vers 20 km d'altitude ou plus la contamination terrestre a quelques chances de devenir moins importante, mais elle se trouve substituée par les aérosols sulfatés découverts par Junge et autres [18]. Ces aérosols se forment probablement *in situ* par l'action de l'ozone sur les gaz sulfureux terrestres. La couche sulfatée $[(NH_4)_2SO_4; (NH_4)_2S_2O_3]$ est localisée entre 15 et 25 km environ et ses agrégations hygroscopiques risquent d'être un obstacle à la détection des p.m. à ces altitudes. Dans la suite nous rendrons compte de quelques collectes stratosphériques dont la plus récente série par Mossop montre une intéressante relation entre les p.m. et les particules sulfatées.

a) Fireman et Kistner [19] ont réalisé les filtrages de l'air à bord des avions à réaction au-dessus de 12 km et une collecte à l'aide d'un ballon stratosphérique entre 15 et 28 km. Les particules ont été analysées par le faisceau électronique et par l'activation neutronique. On a trouvé les éléments Fe, Cu, Zn, Mn mais pas de Ni. Le diamètre des particules se trouvait dans les limites $3\mu < a < 30\mu$. La concentration des particules était en moyenne de $10^{-6}/cm^3$ et celle de la composante extraterrestre $10^{-7}/cm^3$ au maximum. En combinant cette dernière valeur avec la vitesse de chute ($\sim a^2$) et la distribution suivant les rayons ($\sim a^{-3}$) entre 3 et 30μ les auteurs arrivent à l'accrétion météorique $A = 2 \cdot 10^{-16}$ g cm^{-2} sec^{-1}.

b) Les collectes de Smithsonian Astrophysical Observatory par Hodge et autres [20] sont les filtrages de l'air analogues aux précédents. Au cours de 9 vols entre 15 et 26 km on a trouvé au microscope optique quelques milliers de particules plus grandes que 3μ dont la concentration moyenne était de 10^{-3} cm^3 donc 1000 fois plus grande que dans le cas précédent. Les auteurs attribuent environ 30% à la composante cosmique dont l'accrétion serait environ $2 \cdot 10^{-14}$ g cm^{-2} sec^{-1} en partant du calcul analogue au précédent.

c) Les collectes de Mossop [21] complètent en quelque sorte les résultats obtenus par Junge. Sur les films en nitrocellulose exposés à bord de l'avion volant à l'altitude de 20 km entre 20 et 45° S on a capté les particules hygroscopiques avec des noyaux insolubles dans l'eau. Examinés au microscope électronique ces noyaux ont pu être rangés dans les catégories suivantes:

1) Sphérules denses de 0,4 à 4μ de diamètre.

2) Particules irrégulières de diamètre inférieur à 1μ.

3) Particules très irrégulières analogues aux particules duvetées de Hemenway et Soberman (N° 5) mais plus petites.

C'est en somme la même division que l'on trouve dans les collectes spatiales (No. 5) et partant leur origine extraterrestre paraît plausible. Leur concentration à 20 km est de l'ordre de 0,1 cm^{-3}, c'est-à-dire encore 100 fois plus élevée que dans les collectes de Hogde. L'accrétion serait alors *ceteris paribus* 10^{-12} g cm^{-2} sec^{-1}.

Mossop considère que ces particules sont nécessaires pour la formation des agrégations sulfatées de Junge qui en contiennent souvent plusieurs dans leurs centres.

d) Les collectes de Hemenway et autres [22] à bord de l'avion à l'altitude de 18 km (70° N) ont donné en plus des particules précédentes (c) un très grand nombre de particules très petites de diamètre de l'ordre de 100 Å et moins qui contiennent Fe et Ni. Leurs agglomérations sur le collecteur font penser aux particules plus grandes évaporées sous le faisceau électronique du microscope dont les noyaux seraient formés par ces fines particules plus résistantes. On les a nommées *nanométéorites*.

e) Les collectes de YAGODA [23] à l'aide des ballons ont atteint les altitudes entre 23 et 36 km. Les particules retenues dans les récipients en plastique contenait du nickel. Le nombre de ces particules était entre 0,17 et 0,36 part./cm² et jour. La méthode d'analyse coloromètrique permettait d'aller jusqu'au diamètre de 1 à 2 μ.

5. Collectes spatiales

Le développement de l'astronautique a permis d'une part d'enregistrer la présence des p.m. dans la haute atmosphère et dans l'espace interplanétaire et d'autre part même de réaliser les collectes dans l'espace. Dans ces conditions les résultats sont pratiquement exempts de toute contamination terrestre.

Pour la simple détection des p.m. au voisinage de la Terre on se sert en principe de trois types différents de détecteurs :
a) Détecteurs microphoniques à effet piezoélectrique.
b) Détecteurs photoélectriques à scintillation.
c) Détecteurs à ponction de surfaces ou analogues.

Il existe quelques différences d'opinion quant à la fonction de sensibilité. Généralement on admet que le premier type est sensible à la quantité du mouvement et le second à l'énergie cinétique des p.m. De toute façon la sensibilité dépend aussi bien de la masse que de la vitesse des particules. En adoptant alors une valeur moyenne ($20-70$ km sec^{-1}) pour cette dernière, on peut obtenir d'après l'étalonnage au laboratoire le seuil m_0 de la masse encore détectable. Si donc on obtient un certain nombre d'impacts, on peut en calculer le flux omnidirectionnel N, c'est-à-dire le nombre total des p.m. de masses $m > m_0$ ayant traversé 1 cm² par seconde. Il est alors avantageux de munir la même fusée (ou satellite) de plusieurs détecteurs aux seuils de détection m_0 différents afin d'obtenir simultanément plusieurs points de la courbe cumulative du flux omnidirectionnel $N = f(m)$.

Les résultats de plusieurs séries d'enregistrement des p.m. discutés par ALEXANDER et autres [24] sont donnés sur la Fig. 3. La partie aux faibles masses $\log m < -10$ obtenue par les méthodes sous b) est moins précise, mais la dimi-

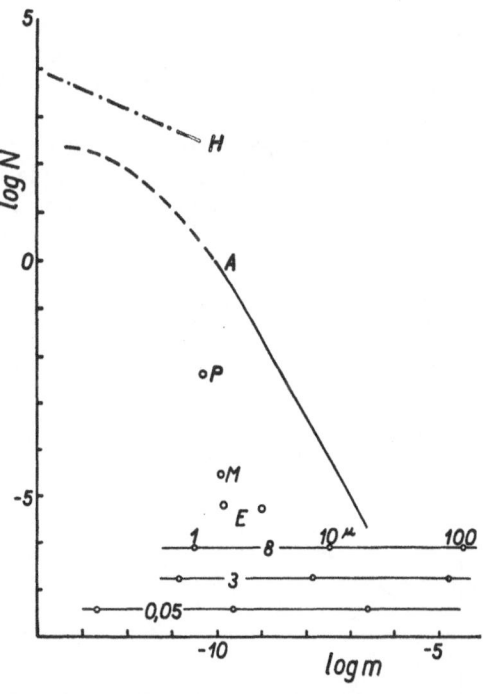

Fig. 3. Flux cumulatifs N en part./m² s des p.m. d'après les collectes spatiales en fonction de la masse m : A la compilation générale des satellites U.S.A. et U.R.S.S. (ALEXANDER et autres), H d'après les fusées (HEMENWAY et SOBERMAN), P Pioneer I, M Mariner II, E Explorer XVI. Les échelles horizontales des rayons pour les densités $\delta = 0,05$, 3 et 8

nution de la pente y est causée par l'influence croissante de la pression de radiation qui enlève du système solaire les p.m. de très faibles dimensions. On a ajouté sur la Fig. 3 les résultats obtenus très loin de la Terre par Explorer XVI et par le Mariner II [25]. La différence du flux cumulatif N qui atteint au voisinage de log $m=-10$ plusieurs ordres est explicable par l'accumulation des p.m. au voisinage de la Terre, car les résultats aberrants ont été obtenus très loin de la Terre. Pour la même raison les collectes de SOBERMAN et HEMENWAY obtenues au-dessous de 180 km par les fusées donnent les valeurs de N encore plus élevées.

Pour se faire une idée sur la grandeur des p.m. ainsi enregistrées il faut adopter leur densité moyenne, comme nous l'avons fait en traçant dans la Fig. 3 trois échelles de rayons probables correspondant aux densités $0,5 - 3,0 - 8,0$ g cm^{-3}. Ces rayons se trouvent dans l'intervalle de 0,1 à 20 µ environ.

On a même réussi à réaliser des collectes directes de p.m. dans l'espace. HEMENWAY et SOBERMAN ont envoyé la fusée *Aerobee 150* dans la haute atmosphère [26] et les collecteurs ont rapporté des échantillons de p.m. entre 88 et 168 km d'altitude obtenus pendant 236 secondes de vol.

Sur les surfaces collantes on a trouvé un grand nombre de particules qui d'après l'examen au microscope électronique peuvent être classées dans les trois catégories suivantes:

a) Sphérules de grande densité.

b) Particules irrégulières.

c) Particules duvetées (fluffy).

La microanalyse par trois méthodes différentes a révélé la présence de Al, Si, Fe, Ti, Ca, Mg et Ni. Ces résultats ne sont pas encore définitifs.

Un certain nombre de ponctions des membranes de 200 Å en nitrocellulose a été constaté. Leur caractère tèmoigne de la vitesse relativement faible (1—2 km sec^{-1}) des p.m.

Les collectes spatiales ont révélé aussi l'influence éventuelle des essaims météoriques. On pourrait citer l'exemple de Spoutnik III vers la mi-mai 1958 [27], d'Explorer I au début de février 1958 [24] et de Vanguard III [28] le 16—17 novembre 1959. Le dernier cas correspondrait aux Léonides et l'augmentation maximale du nombre des p.m. serait de deux ordres environ par rapport au niveau normal.

Les nuages lumineux nocturnes qui apparaissent vers 80 km d'altitude ont été également explorés à l'aide des fusées par WITT et autres [29]. On a pu constater la présence de Fe et Ni ainsi que les vestiges de la glaciation des particules.

Quant à l'accrétion totale des p.m. d'après les collectes spatiales, ALEXANDER [24] l'estime à $2 \cdot 10^{-14}$ g cm^{-2} sec^{-1} comme limite inférieure. La participation de fines particules y doit être prédominante.

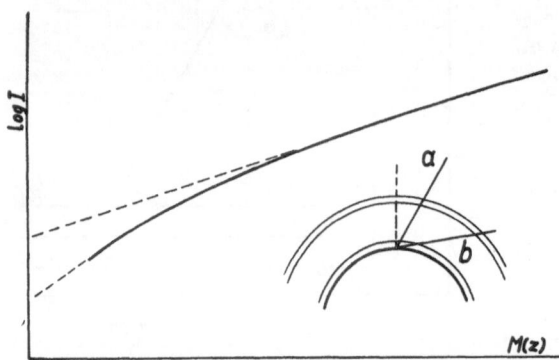

Fig. 4. Mesures de l'extinction d'après la méthode de BOUGUER. On porte l'intensité d'une source extraterrestre (log I) en fonction de la masse d'air $M(z)$ traversée par les rayons. Aux faibles distances zénithales (cas *a*) les extinctions de l'atmosphère et de la couche élevée s'ajoutent, aux grandes distances zénithales (cas *b*) varie l'extinction dans l'atmosphère, car celle dans la couche est pratiquement constante

6. Extinction

On a depuis longtemps quelques indications optiques sur la présence des p.m. dans l'atmosphère. Dans le domaine de l'extinction nous pouvons invoquer les observations suivantes:

a) Les droites de BOUGUER dans les mesures astronomiques de l'extinction sont souvent déformées, comme si l'effet de l'atmosphère sur l'intensité des sources extraterrestres comportait deux composantes l'une due à l'extinction dans la basse atmosphère et l'autre ayant l'origine dans ses couches élevées (Fig. 4).

Cette hypothèse émise en 1895 par HAUSDORFF [30] pour interpréter les mesures de MÜLLER [31] fut reprise par BAUER et DANJON [32] à propos de leurs mesures au Mont Blanc et par nous-mêmes [33] pour la série obtenue au

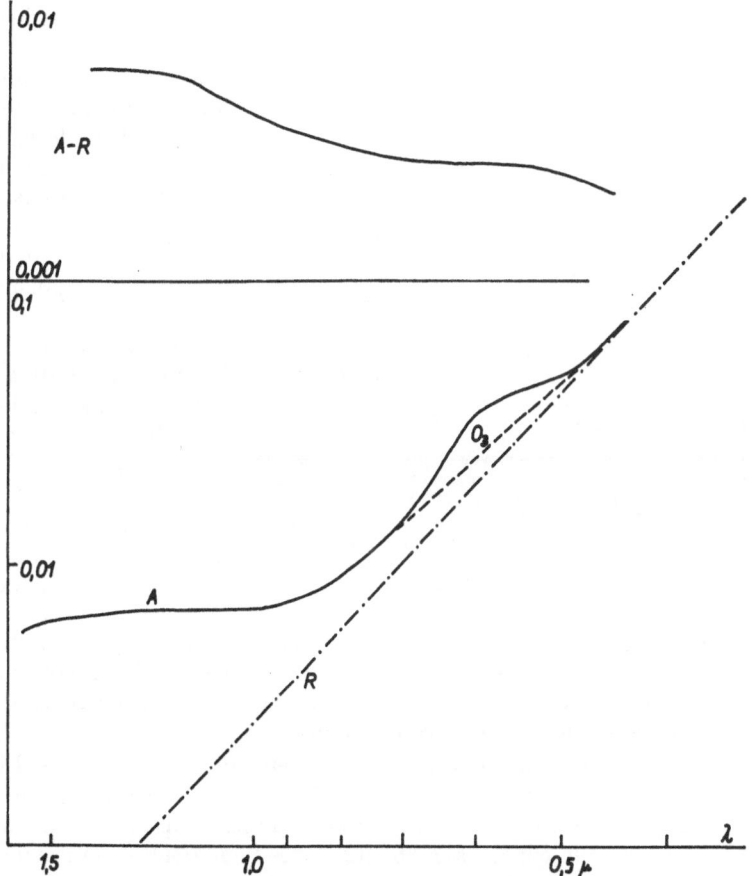

Fig. 5. Le diagramme de LINKE qui donne le logarithme du coefficient d'extinction A en fonction du logarithme de la longueur d'onde en λ^{-4}. R la droite théorique dans l'atmosphère de RAYLEIGH, A la courbe observée, $A{-}R$ les différences dues aux aérosols (en haut). La bosse vers 0,6 μ provient de l'ozone (Montezuma 2711 m)

Pic-du-Midi. Les estimations basées sur ce phénomène conduisent à une altitude moyenne de 150 km environ de la couche absorbante élevée dont la densité optique au zénith serait de quelques centièmes dans le visible.

b) Les coefficients d'extinction obtenus par les droites de BOUGUER au voisinage du zénith montrent des déviations systématiques de la loi de RAYLEIGH en λ^{-4} comme l'a trouvé LINKE [34], GÖTZ [35] et nous-mêmes [36] (Fig. 5). On explique ces déviations par la diffusion sur les aérosols dont une partie au moins peut être d'origine météorique et qui aurait le siège dans les couches élevées de l'atmosphère.

c) ZACHAROV en étudiant [37] les variations de la transparence atmosphérique au Mont Wilson obtenues par les droites de BOUGUER trouve une baisse notable après le maximum des Perséides qui durait 24 jours environ.

Dans les observations ci-dessus effectuées dans la troposphère il est toutefois délicat de séparer les effets des p.m. de la pollution terrestre beaucoup plus grande. On s'est donc adressé aux éclipses de Lune où les rayons solaires passent assez haut pour éviter les couches polluées.

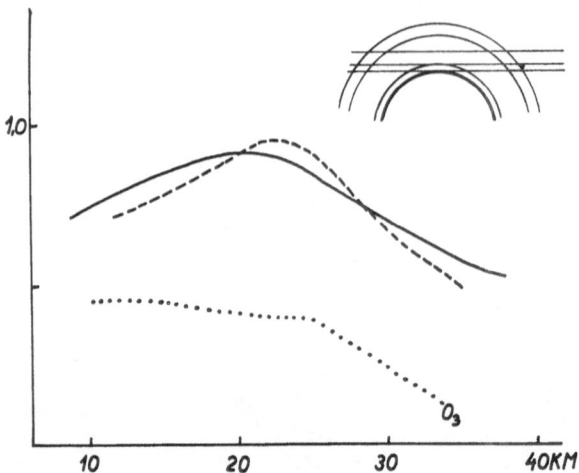

Fig. 6. Manifestations de la couche élevée pendant les éclipses de Lune. Différences de densité de l'ombre observée — calculée pour l'éclipse —— 16-X-1921 (le terminateur 55° S),---- 29-I-1953 (le terminateur 43° N), ····· l'influence de l'ozone, en fonction de l'altitude du rayon effectif éclairant. En haut le schéma des trajets des rayons éclairants dans la basse atmosphère et dans la couche élevée

d) La densité de l'ombre terrestre projetée sur la Lune est plus grande que la densité théorique dans l'atmosphère de RAYLEIGH [38]. La différence est peu variable (Fig. 6) dans toute l'étendue de l'ombre jusqu'à son bord. Le siège de cette absorption supplémentaire est donc dans la haute atmosphère [39].

ŠVESTKA [40] a trouvé que la luminosité des éclipses descend brusquement après le maximum des essaims météoriques, atteint son minimum dans un mois et remonte à sa valeur normale après deux mois (Fig. 2). Cela est explicable [41] par la durée de la chute des p.m. entre 1 et 3 mois suivant la grosseur des particules. Cette durée est du même ordre que celle trouvée par ZACHAROV plus haut dans les variations de la transparence atmosphérique et le délai entre le maximum météorique et l'effet de BOWEN (voir N°. 9).

e) L'agrandissement de l'ombre terrestre pendant les éclipses de Lune, en moyenne de 2,3% [42], peut être attribué à la couche absorbante élevée. Les expériences au laboratoire par PAETZOLD [43] sur les éclipses de Lune simulées ont prouvé que seule la couche absorbante élevée peut rendre compte des variations de l'agrandissement observé.

La valeur de l'agrandissement est variable au cours de l'année en bon accord avec l'activité des essaims météoriques [42, 44] (Fig. 7). La limite de l'ombre est plus aplatie que le géoïde [45, 46] ce qui montre l'origine atmosphérique de l'aplatissement qui se manifeste d'ailleurs dans la densité de part et d'autre de la limite géométrique de l'ombre [47, 48].

Comme les éclipses de Lune sont assez rares, il serait souhaitable de les remplacer par celles des satellites artificiels du type Echo. La théorie photométrique nécessaire pour l'interprétation des mesures est déjà prête [49].

Au Ve Symposium de COSPAR à Florence 1964 on a présenté les résultats relatifs aux éclipses de l'Echo II (LINK) et de l'Ariel II (FRITH) qui confirment l'existence d'un milieu absorbant entre 100 et 200 km. D'autre part FIOCCO et SMULKIN signalent la présence des p.m. au niveau 110 − 140 km découvertes par le radar optique [89].

7. Diffusion

Nous avons également plusieurs indications sur la diffusion de la lumière par les p.m. qui se manifeste surtout pendant le crépuscule. Malheureusement cette diffusion est noyée dans la diffusion beaucoup plus forte d'origine molé-

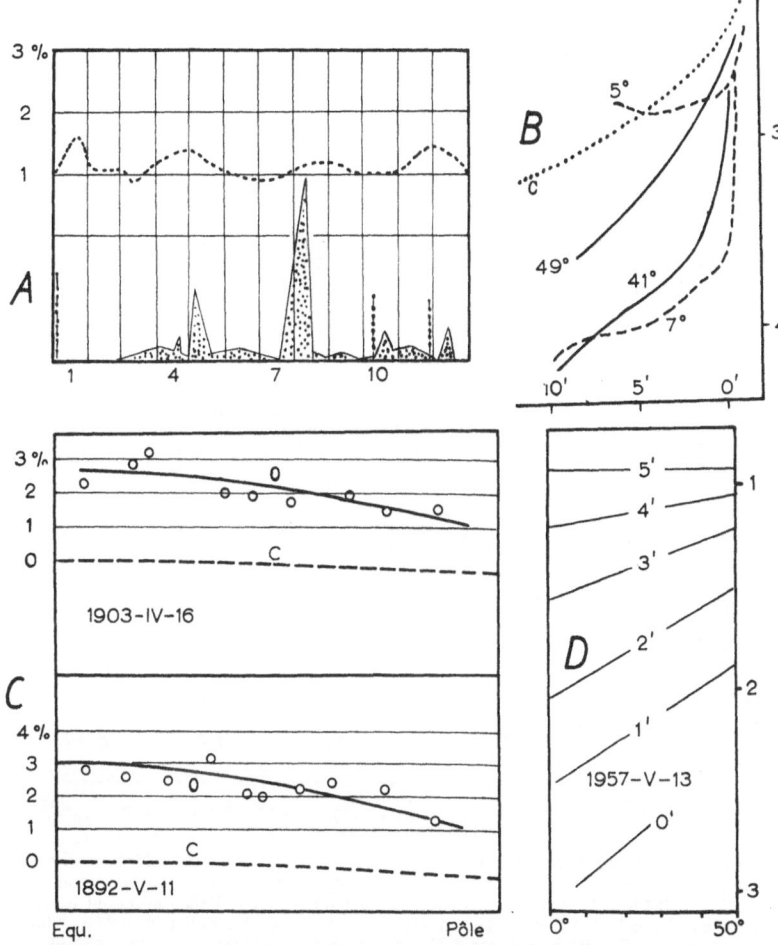

Fig. 7. La structure de l'ombre terrestre projeté sur la Lune pendant les éclipses. *A* la courbe de varia-tion annuelle de l'agrandissement de l'ombre... comparée aux variations de l'activité météorique. *B* les courbes de densité de l'ombre au voisinage de la limite géométrique (0′) pour les différentes latitudes du terminateur de l'ombre, *C* est la courbe calculée dans l'atmosphère de RAYLEIGH. *C* l'aplatissement de l'ombre, *C* est la limite de l'ombre géométrique pour le géoïde. *D* variations sché-matiques de la densité dans la pénombre au voisinage du bord géométrique de l'ombre (0′) entre les latitudes 0° et 50° N

culaire, comme c'est aussi le cas de l'extinction. Il faut donc séparer les deux composantes par des méthodes appropriées dont nous citerons plusieurs exemples.

La discontinuité crépusculaire se manifeste sur la courbe qui donne le logarithme de la luminance du ciel crépusculaire au zénith b en fonction de la dépression solaire U. Plusieurs auteurs [50, 51, 52, 53] ont remarqué que cette courbe présente au voisinage de $U = 10 - 11°$ une perturbation qui se traduit par un ralentissement de la descente de log b. En ce moment, la limite de l'ombre terrestre passe sur la verticale d'observation aux environs de 100 km d'altitude et la perturbation serait due à la présence d'un milieu différent de l'atmosphère gazeuse. La faible amplitude de la perturbation est causée par la forte prédominance de la diffusion multiple qui est environ 10 fois plus forte que la diffusion primaire [54].

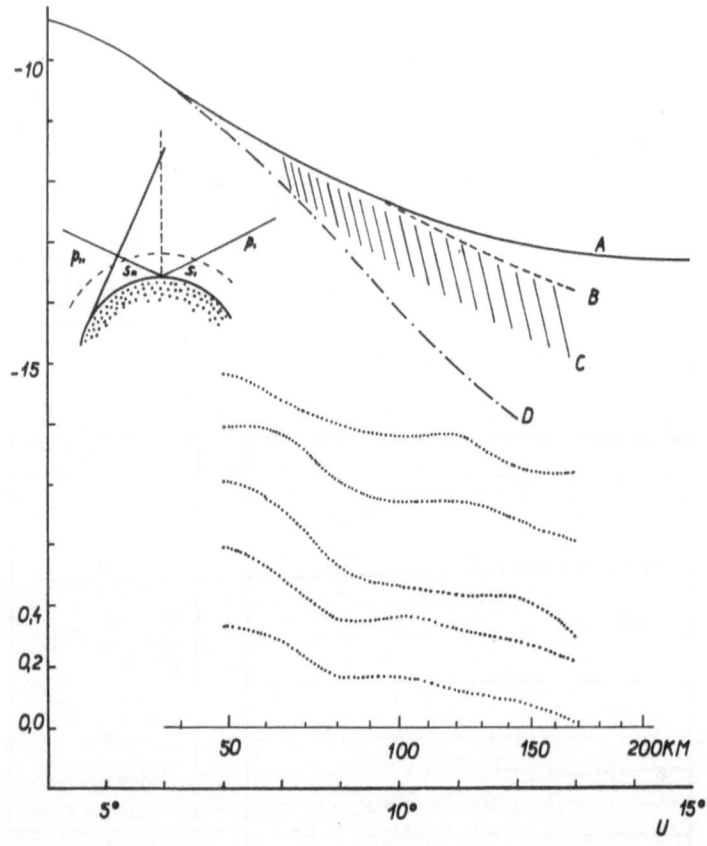

Fig. 8. Phénomènes crépusculaires. En haut les courbes de la luminance crépusculaire au zénith ($\lambda = 0{,}6\ \mu$) rapportée au Soleil en fonction de la dépression solaire U: A la courbe moyenne observée à Lomnicky Stít (2634 m), B la courbe corrigée du ciel nocturne, C l'effet maximal de la diffusion multiple, D la courbe calculée dans l'atmosphère de RAYLEIGH. Au milieu le schéma des mesures dans le vertical solaire. En bas le rapport δ d'après quelques crépuscules matinaux dans le vertical solaire à 30° de part et d'autre du zénith. L'échelle horizontale donne l'altitude de la limite géométrique de l'ombre

On peut toutefois recourir à l'artifice suivant. On mesure la luminance crépusculaire dans le vertical solaire sous deux distances zénithales symétriques par rapport au zénith. On obtient ainsi [54]

$$b_1 = p_1 + s_1 \qquad b_2 = p_2 + s_2$$

où p est la composante primaire sur la partie éclairée de la ligne de visée et s la composante secondaire sur la partie plongée dans l'ombre et à basse altitude (Fig. 8) qui est éclairée par le ciel crépusculaire voisin.
Dans le rapport

$$\delta = \frac{b_2 - b_1}{b_2} = \frac{p_2 - p_1 + s_2 - s_1}{p_2 + s_2}$$

on peut négliger la différence $s_2 - s_1$. La valeur du rapport devrait diminuer d'une façon régulière avec la dépression solaire croissante. La courbe de δ en fonction de U présente vers $U = 10 - 11°$ un palier qui est encore explicable par une couche diffusante située au niveau voisin de 100 km.

MIKIROV est arrivée au résultat analogue en étudiant la lumière du ciel diurne à l'aide d'une fusée aux altitudes supérieures à 70 km. En retranchant la lumière diffusée dans l'atmosphère de RAYLEIGH, MIKIROV a obtenu [55] un excès positif qui montre l'existence d'une couche diffusante avec un maximum vers 90 km d'altitude.

En plus de cette perturbation explicable par une accumulation locale des p.m. au niveau de 100 km nous avons des raisons de supposer l'existence d'un nuage des p.m. entourant la Terre, comme l'a montré d'abord WHIPPLE d'après les enregistrements des p.m. par les fusées et les satellites artificiels [56]. Ce nuage se manifeste aussi par la diffusion de la lumière solaire pendant le crépuscule [54]. En effet aux dépressions solaires entre 10 et 13° environ la luminance du ciel crépusculaire au zénith est beaucoup plus grande (Fig. 7) que la luminance calculée dans l'atmosphère de RAYLEIGH au-dessus de 80 km où la densité de l'air est suffisamment bien connue. Une partie de cet excès provient de la diffusion multiple sur la partie basse de la verticale d'observation dont on peut estimer la limite supérieure. Malgré cela il reste encore un assez grand excès (Fig. 8) de la luminance qui doit être attribué à la diffusion dans le nuage des p.m. entourant la Terre.

Il faut toutefois noter que l'extinction trouvée dans le Nᵒ. 6 auparavant produirait des phénomènes crépusculaires trop intenses si elle était localisée seulement au-dessus de 100 km. Tout semble indiquer que les p.m. sont répandues dans une couche épaisse allant jusqu'au sol et que la majeure partie de l'extinction provient des parties basses au-dessous de 100 km où la concentration des p.m. est plus grande étant donné la faible vitesse de chute [57]. Une autre partie de cette disproportion entre l'extinction et la diffusion pourrait être due aux propriétés optiques des p.m.

8. Observations astronautiques

Dans la suite nous discuterons les observations faites par GLENN [58] et par CARPENTER [59] au cours de leurs vols circumterrestres d'après les publications accessibles à la présente date (août 1963).

GLENN a observé pendant la nuit sans Lune l'affaiblissement passager des étoiles à la distance zénithale estimée à 82—84° dans une sorte de couche épaisse de 1 1/2 à 2° et à peine visible. La couche éclairée par la Lune est devenue bien visible de couleur tannée et à bords diffus.

CARPENTER a également observé la couche vue par GLENN et par le passage de γ UMa il a pu déterminer son altitude entre 81 et 119 km avec le centre à 91 km. La couche éclairée par la Lune au dernier quartier paraissait aussi brillante que l'horizon (observations sans filtre?). On a également observé l'affaiblissement des étoiles sauf de Vénus. Quand le Soleil s'est levé, la couche était visible à travers le filtre interférentiel 5.577 Å, mais l'horizon également éclairé est resté invisible.

On a voulu interpréter les observations de CARPENTER par la luminescence du ciel nocturne [59]. Cette interprétation, d'ailleurs prévue par nous [60], n'est pas la seule qui soit possible. On n'explique pas ainsi l'affaiblissement des étoiles observé par GLENN en pleine nuit qui semble prouver l'existence de la couche absorbante élevée (Nᵒ. 6), car l'influence du contraste invoquée par CARPENTER ne peut jouer ici aucun rôle. L'absence de l'affaiblissement de Vénus est aisément explicable par le grand éclat qui éblouit l'observateur et empêche d'apprécier de faibles variations de l'intensité. La visibilité de la couche à travers l'écran 5.577 Å et l'invisibilité de l'horizon peut résulter d'une part de la diffusion neutre de la lumière solaire dans la couche et d'autre part de la couleur orangée de l'horizon signalée d'ailleurs par les autres astronautes et absorbée par le filtre.

Dans l'avenir il faudrait de toute façon remplacer ces observations visuelles et subjectives par des mesures [61]. La plus simple méthode serait de photographier le ciel étoilé près de l'horizon avec une chambre photographique fixe. On obtiendrait sur le cliché des traînées d'étoiles dont la photométrie donnerait les indications objectives sur l'affaiblissement éventuel des étoiles par la couche absorbante élevée. L'utilisation d'une émulsion nonorthochromatique pendant les nuits sans Lune éviterait toute sorte d'objection et donnerait l'effet pur de l'absorption.

9. Influences sur l'ionosphère

Les p.m. apportent leur énergie cinétique qui se trouve libérée au moment du freinage dans les couches entre 100 et 200 km d'altitude. Deux phénomènes paraissent être en relation avec cette énergie:

a) La luminosité anormale du ciel nocturne où les nuits claires ont été signalées à plusieurs reprises depuis la fin du 18e siècle [62], mais ce n'est que depuis une trentaine d'années que nous possédons grâce aux efforts de Hoffmeister et quelques autres observateurs d'occasion les matériaux d'observation dignes de confiance [63, 65].

On observe très souvent des bandes lumineuses et les photographies confirment leur existence. Moins fréquentes sont les formes du ciel lumineux uniforme ou d'une clarté concentrée vers l'horizon et très rares sont les cas des formes chaotiques. Lors des phénomènes très intenses, la luminance du ciel peut monter d'une magnitude (2 1/2 fois).

On a réussi [63] à déterminer la parallaxe et par suite l'altitude des bandes lumineuses. Elle se trouve dans les limites extrêmes entre 90 et 200 km avec le maximum de fréquence entre 110 et 120 km. La composition spectrale est identique à celle du ciel nocturne normale avec un renforcement relatif du doublet de sodium 5.893 Å [65].

La fréquence des nuits claires présente une variation annuelle avec un minimum en avril-mai et un maximum en décembre. Sur la courbe détaillée résumant 30 ans d'observations Hoffmeister [64] a trouvé 11 maxima dont 10 correspondent aux essaims météoriques connus. L'hypothèse de l'origine météorique des nuits claires est donc plausible et elles signaleraient l'invasion des p.m. dans l'ionosphère dont les gaz seraient excités aux dépens de l'énergie cinétique des p.m. Toutefois les considérations d'énergie par Kaiser et Seaton [66] semblent être peu favorables à cette éventualité.

b) L'ionisation de la couche E, surtout sous la forme sporadique E_s, est au moins en partie influencés par les p.m., comme il ressort de plusieurs études dans le domaine de la couche E_s [67, 68]. Il est toutefois assez difficile de démêler l'ionisation produite par les p.m. de celle produite par les météores individuels d'un essaim [69].

10. Influences sur la troposphère

Si les p.m. sont mises en cause dans quelques phénomènes de la haute atmosphère, on leur attribue quelque importance aussi dans la troposphère. Bowen [70] sur la base de nombreuses statistiques trouve que les maxima des pluies sur une courbe annuelle globale présentent un décalage voisin de 30 jours par rapport aux maxima précédents des essaims météoriques. Le même décalage de 30 jours a été trouvé pour les phénomènes qui sont en relation avec la pluie comme la concentration des noyaux de glaciation [71, 72] et la fréquence des cirrus et des chutes de neige [73]. La réalité des maxima de BOWEN semble être confirmée par des statistiques indépendantes et fort différentes de DMITRIEV et CHILI [74] et de BRIER [75].

BOWEN explique les maxima des pluies par l'action des p.m. qui mettent 30 jours à descendre du niveau d'accrétion à la tropopause où elles servent de noyaux de condensation. Il est alors difficile de comprendre la constance relativement grande du décalage de 30 jours, car la durée de chute dépend de plusieurs facteurs comme le diamètre et la densité des particules largement variables et des mouvements de l'atmosphère. D'autre part on a objecté que la quantité des p.m. apportée par les différents essaims est trop faible pour produire un effet sensible sur les pluies.

Pour obvier à ces difficultés ROSINSKY et PIERRARD [76] ont proposé un mécanisme plus compliqué que celui de BOWEN. Les météores sporadiques de toutes vitesses forment par leurs débris une couche de p.m. entre 80 et 120 km environ. Les fluctuations temporaires y sont produites par les passages des essaims météoriques. La condensation des vapeurs météoriques donne naissance aux particules dont la grandeur dépend de l'altitude de formation. Les essaims rapides s'évaporent plus haut que les essaims lents et donnent naissance aux particules plus fines qui mettent un temps plus long à tomber que les particules plus grosses des essaims lents. Le délai entre le maximum de l'essaim et le maximum des pluies serait donc différent suivant la vitesse de l'essaim, c'est-à-dire entre 40 et 66 jours pour les 8 essaims considérés. L'intensité de l'effet dépend aussi de l'activité des météores sporadiques qui a lieu en juillet-août.

L'existence de délais variables et supérieurs à 30 jours semble être contredite par la périodicité de 6 1/2 ans trouvée par BOWEN [77] dans les maxima des pluies au début de janvier qui arrivent trente jours après l'activité de Biélides et dont la période orbitale est précisément 6 1/2 ans. Il faut noter que le même maximum du début de janvier est attribué par ROSINSKY et PIERRARD aux Orionides avec un délai de 66 jours!

Dans le dernier temps on a mis en évidence la périodicité lunaire de 29 1/2 jours des pluies [78, 79] et des radiométéores [80]. Leurs maxima tombent aux environs du premier et du dernier quartier. BOWEN pense [80] que l'arrivée des p.m. et des radiométéores est modulée par les forces électrostatiques entre la Lune et les p.m.

De tout ce que nous avons esquissé assez rapidement résulte une grande complexité actuelle du problème suscité par le phénomène de BOWEN. On ne peut dorénavant nier son importance dans le domaine des p.m. et malgré le scepticisme initial le phénomène de BOWEN mérite une attention suivie dans les recherches futures.

11. Autres aspects

Dans ce rapport nous nous sommes limités aux manifestations des p.m. au voisinage de la Terre. Or notre thème est étroitement lié à un certain nombre d'autres aspects dont nous ne ferons ici faute de temps qu'une brève énumération. Ce sera en somme de suivre le sort des p.m. depuis leur origine jusqu'à leur arrivée au sol en s'aidant des considérations théoriques.

L'origine des p.m. est naturellement cherchée dans la matière interplanétaire que la Terre rencontre dans ses mouvements. La couronne solaire, la lumière zodiacale et le gegenschein sont les manifestations optiques de la composante trop fine pour être observée en ses particules individuelles. Les météores optiques et les radiométéores sont ensuite les manifestations individuelles. On tâche alors de mettre en relation ces phénomènes avec l'accrétion météorique et l'accumulation géocentrique des p.m. Nous avons en particulier les théories par DE JAGER [81], SINGER [82] et DOLE [83] qui s'efforcent d'élucider ces liens.

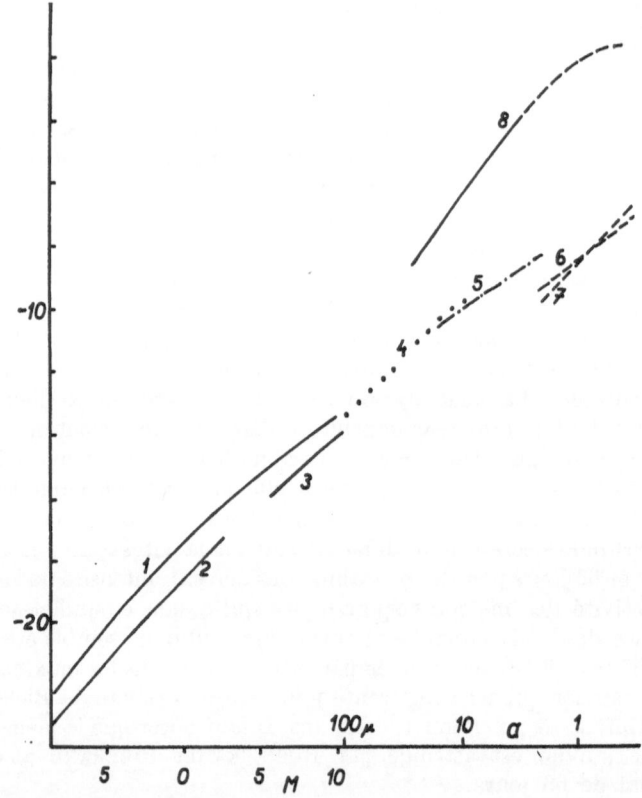

Fig. 9. La courbe cumulative (KAISER) de la concentration de la matière interplanétaire en part./m³ en fonction du rayon a (en μ) ou de la magnitude absolue M du météore correspondant. Météores sporadiques: *1* (MILLMANN), *2* (HAWKINS et UPTON), *3* (KAISER), *4* (sphérules). La lumière zodiacale: *5* (BEARD), *6* et *7* (INGHAM). Collectes spatiales: *8* (ALEXANDER et autres)

Il y a ensuite le problème de liaison entre les météores visibles et les micrométéorites en passant par les radiométéores. D'après une étude récente de KAISER [84] il semble exister une transition continue de la densité spatiale en fonction de la grandeur depuis les bolides jusqu'aux particules les plus fines (Fig. 9).

Le sort des particules une fois entrées dans l'atmosphère terrestre a été étudié avec succès par WHIPPLE [85], ÖPIK [86] et OLEAK [87]. Ces études justifient à la fois l'existence des micrométéorites dans l'atmosphère et leur répartition en grandeur. Quant à la résidence des p.m. dans l'atmosphère, il existe une relation entre l'accrétion, la durée de chute et la densité optique au zénith [88] qui se vérifie sur le matériau d'observation dans les limites raisonnables. Toutefois il reste à élucider quelques divergences quantitatives entre la diffusion et l'extinction.

Le sort final des p.m. comporte un aspect encore énigmatique, j'ai nommé le phénomène de BOWEN [70] âprement discuté et resté jusqu'à présent sans justification universellement reconnue.

12. Conclusions

Avant de conclure mon rapport je voudrais m'excuser de quelques omissions volontaires et involontaires parfois, mais il a fallu loger dans les minutes qui m'ont été accordées un assez grand tonnage des p.m. et un nombre considérable des auteurs qui les ont étudiées.

En guise de conclusions il suffira de mettre en évidence les points suivants:

1) Les p.m. existent matériellement aussi bien dans l'espace voisin de la Terre qu'au niveau du sol, car nous en avons des preuves multiples et assez concordantes.

2) Les valeurs d'accrétion météoriques se trouvent actuellement dans les limites de 10^{-11} à 10^{-14} g cm^{-2} sec^{-1}.

3) Malgré la quantité infime des p.m. arrivant dans l'atmosphère terrestre un certain nombre de phénomènes peut être attribué à leurs présence passive ou active.

4) Il reste beaucoup à faire dans le domaine expérimental des p.m. non seulement dans la direction des recherches spatiales mais aussi dans la direction des collectes terrestres. Un réseau mondial organisé sur un modèle uniforme de collectes et de microanalyse serait d'une importance capitale.

5) Il reste à faire aussi la synthèse de toutes nos connaissances solidement acquises des p.m. sur les bases théoriques dès que la teneur de ces connaissances serait augmentée et précisée en plusieurs points restés encore obscurs.

Bibliographie

1. N. NORDENSKIÖLD, Ofversight af Vetensk. Akad. Förhandl. **1870**, 997; Pogg. Ann. **151**, 161 (1874).
2. J. MURRAY, Proc. Roy. Soc. Edinburgh **9**, 285 (1876).
3. J. D. BUDHUE, Meteoritic Dust, Albuquerque 1950.
4. D. HOFFLEIT, Harv. Coll. Obs. Techn. Rep. **9** (1952).
5. P. W. HODGE, F. W. WRIGHT et D. HOFFLEIT, Smithson. Contrib. Astrophys. **5**, 85 (1961).
6. F. LINK, Bull. Astronom. Inst. Czech. **2**, 1 (1950); Aerosol. Symp. Prague 1962.
7. TH. V. OPPOLZER, Astronom. Nachr. **108**, 67 (1884).
8. C. BRAUN, Astronom. Nachr. **108**, 259 (1884).
9. H. PETTERSSON et H. ROTSCHI, Nature **166**, 308 (1950).
10. H. PETTERSSON et K. FREDERIKSSON, Pacif. Sci. **12**, 71 (1958).
11. H. PETTERSSON, Nature **181**, 330 (1958).
12. M. HANSA et I. ZACHAROV, Bull. Astronom. Inst. Czech. **9**, 236 (1958).
13. D. W. PARKIN et W. HUNTER, Advances Astronom. Astrophys., ed. by KOPAL, Vol. I, p. 105, 1962.
14. A. KIZILRMAK, Comm. Dept. Astronom. Univ. Ankara **3** (1954).
15. R. SÜSLÜ, Comm. Dept. Astronom. Univ. Ankara **22** (1956).
16. E. A. KREIKEN, Planet. Space Sci. **2**, 39 (1959).
17. T. GRJEBIN, C. R. Acad. Sci. Paris **256**, 3735 (1963).
18. C. E. JUNGE, C. W. CHAGNON et J. E. MANSON, J. Met. 18, 31 (1961). – C. E. JUNGE et J. E. MANSON, J. Geophys. Res. **66**, 2163 (1961).
19. E. L. FIREMAN et G. A. KISTNER, Geochim. Cosmochim. Acta **24**, 10 (1961).
20. P. W. HODGE, Smithson. Contrib. Astrophys. **5**, 231 (1962).
21. S. C. MOSSOP, Nature **199**, 325 (1963).
22. C. L. HEMENWAY, E. F. FULLAM et L. PHILIPS, Nature **190**, 897 (1961).
23. H. YAGODA, GRD Res. Not. No. 9 (1959).
24. W. M. ALEXANDER, C. W. McCRACKEN, L. SECRÉTAN et O. E. BERG, Space Research, ed. by PRIESTER, Vol. III, p. 891, 1963.
25. CH. T. D'AITULOLO, Space Research, ed. by MULLER, Vol. IV, p. 858, 1964.
26. C. L. HEMENWAY et R. K. SOBERMAN, Astronom. J. **67**, 256 (1962).

27. T. N. Nazarova, Space Research, ed. by Kallmann-Bijl, Vol. I, p. 1059, 1961.
28. W. M. Alexander, C. W. McCracken et H. E. LaGow, J. Geophys. Res. 66, 3970 (1961).
29. G. Witt, C. L. Hemenway et R. K. Soberman, Space Research, ed. by Muller, Vol. IV, p. 197, 1964.
30. F. Hausdorff, Ber. Verh. Sächs. Ges. Wiss. Math.-Phys. Kl. 47, 401 (1895).
31. G. Müller, Publ. Obs. Potsdam 3, 285 (1883); 8, 40 (1893).
32. E. Bauer et A. Danjon, C. R. Acad. Sci. Paris 176, 761 (1923).
33. F. Link, Bull. Obs. Lyon 10, 92 (1928).
34. F. Linke, Handbuch Geophys., Vol. VIII/6, p. 256, 1943.
35. P. Götz, Met. Z. 52, 471 (1935); 57, 415 (1940).
36. F. Link, Gerl. Beitr. 60, 139 (1943).
37. I. Zacharov, Bull. Astronom. Inst. Czech. 3, 82 (1953).
38. F. Link, Bull. Astronom. Paris 8, 98 (1933).
39. F. Link, Lunar Eclipses in Physics and Astronomy of the Moon, ed. by Kopal, p. 198, 1962.
40. Z. Švestka, Bull. Astronom. Inst. Czech. 2, 41 (1950).
41. F. Link, Bull. Astronom. Inst. Czech. 2, 59 (1950).
42. F. Link et Z. Linkova, Bull. Astronom. Inst. Czech. 5, 82 (1954).
43. H. K. Paetzold, Z. Astrophys. 32, 303 (1953).
44. J. Bouška et Z. Švestka, Bull. Astronom. Inst. Czech. 2, 6 (1950).
45. N. S. Kosik, Bull. Tashkent Observ. II/13 (1940).
46. J. Bouska, Bull. Astronom. Inst. Czech. 1, 37, 75 (1948); 2, 28 (1950); 4, 14 (1952).
47. F. Link, Bull. Astronom. Inst. Czech. 1, 13 (1948).
48. F. Link, Bull. Astronom. Inst. Czech. 10, 105 (1959).
49. F. Link, Bull. Astronom. Inst. Czech. 13, 1 (1962).
50. W. Brunner, Publ. Sternw. Zürich 6, 81 (1935).
51. R. Grandmontagne, J. Phys. 16, 294 (1941).
52. F. Link, C. R. Acad. Sci. Paris 222, 33 (1946).
53. L. Neužil, Stud. Geophys. Geod. 5, 352 (1961).
54. F. Link, Bull. Astronom. Inst. Czech. 13, 129 (1962).
55. A. Mikirov, Space Research, ed. by Priester, Vol. III, p. 155, 1962.
56. F. Wipple, Nature 189, 127 (1961).
57. F. Link, Ann. Astrophys. 4, 55, 225 (1948).
58. J. H. Glenn, Science 136, 1093 (1962).
59. M. S. Carpenter, J. A. O'Keefe III et L. Dunkelman, Science 138, 978 (1962).
60. F. Link, Bull. Astronom. Inst. Czech. 11, 234 (1960).
61. F. Link, Space Research, ed. by Muller, Vol. IV, p. 189, 1964.
62. P. Götz, Verh. Schweiz. Naturforsch. Ges., Basel 1941, 106.
63. C. Hoffmeister, Erg. exakt. Naturwiss. 24, 1 (1951).
64. C. Hoffmeister, Z. Astrophys. 49, 233 (1959).
65. P. Götz, Handbuch Geophys., Vol. VIII, p. 415, 1943.
66. T. R. Kaiser et M. J. Seaton, Coll. Liège 6, 48 (1955).
67. S. K. Mitra, The Upper Atmosphere, p. 319, Calcutta 1952.
68. R. Naismith, Nuovo Cimento 4, Suppl., 1413 (1956). — L. Neužil, Bull. Astronom. Inst. Czech. 3, 40 (1952); Symp. Met. Phys. Spec. Suppl. J. Atmos. Terr. Phys. 1955, 96.
69. V. C. Pineo, Science 110, 280 (1949); 112, 50 (1959).
70. E. G. Bowen, Austral. J. Phys. 6, 490 (1953); Nature 177, 1121 (1956).
71. Plusieurs auteurs, Austral. J. Phys. 9, 552 (1956).
72. E. J. Smith, A. R. Kassander et S. Twomey, Nature 177, 82 (1956).
73. E. G. Bowen, Austral. J. Phys. 9, 545 (1956).
74. A. F. Dmitriev et A. B. Chili, Trudy morsk. Inst. AN SSSR 12, 181 (1958).
75. G. W. Brier, J. Met. 18, 242 (1961).
76. J. Rosinski et J. M. Pierrard, J. Atmos. Terr. Phys. 24, 1017 (1962).
77. E. G. Bowen, J. Met. 13, 142 (1956).
78. D. A. Bradley et M. A. Woodbury, Science 137, 748 (1962).
79. E. E. Adderley et E. G. Bowen, Science 137, 749 (1962).

80. E. G. Bowen, J. Geophys. Res. **68**, 1401 (1962).
81. C. de Jager, Coll. Liège **6**, 174 (1955).
82. F. S. Singer, Nature **192**, 321 (1961).
83. S. H. Dole, Planet. Space Sci. **9**, 541 (1962).
84. T. R. Kaiser, Space Sci. Rev. **1**, 554 (1962—3).
85. F. Whipple, Proc. Nat. Acad. Sci. Washington **36**, 687 (1950); **37**, 19 (1951); Harv. Repr. 343.
86. E. Öpik, Irish Astronom. J. **1**, 145 (1951); **4**, 84 (1956).
87. H. Oleak, Wiss. Z. Univ. Jena **6**, 133 (1956); Die Sterne **37**, 67 (1961).
88. F. Link, Bull. Astronom. Inst. Czech. **2**, 1 (1950); **7**, 69 (1956).
89. G. Fiocco et L. D. Smulkin, Nature **199**, 1275 (1963).

Energetic Particles in the Upper Atmosphere

By

V. I. Krassovsky[1]

Most processes of the upper atmosphere (dissociation, ionization, heating, circulation, airglow) are caused by the effects of short-wave electromagnetic solar radiation. However, an additional role is played in these processes by energetic corpuscles in the upper atmosphere—rapidly moving neutral and charged particles whose energy exceeds the thermal energy of the atoms and molecules of the atmosphere. Moreover, their role is dominant in many cases. When intense corpuscular streams penetrate to the Earth's atmosphere to levels of about a hundred kilometers, aurora appear, usually accompanied by disturbances of the ionosphere and the Earth's magnetic field. Such phenomena occur most often near the polar regions, mainly at a distance of 23° from the geomagnetic poles. During large geomagnetic disturbances, however, auroras spread to lower latitudes.

For the last few years, the auroral phenomenon has been thoroughly studied by means of ground observations. Since it is difficult to summarize this material in a short review [1–3], we shall restrict ourselves to a listing of the most characteristic features.

At present, advanced high-sensitivity spectrographic apparatus provides a means for recording emissions characterizing the aurora even in the absence of any visually observed luminescence. As a result, such auroras have become a phenomenon often observed beyond the limits of the auroral regions. The existence of sub-visible red arcs and patches at middle latitudes and even near the equatorial zone is now well-known [4, 5]. Many irregularities in the airglow and ionization of the upper atmosphere are supposed to be caused by corpuscular streams.

An insignificant part of the auroral energy is as a rule displayed in the narrow, bright, sharply-focused forms. In addition, such formations are unstable. Therefore, in the energetics of the aurora, less intense but more extensive formations are most prevalent. They may emit energy which considerably exceeds the energy emitted by the formations that are predominantly taken into account during visual and photographic observations.

All the rapid variations of individual auroral emissions and their sum (excluding forbidden emissions, the atomic-oxygen red line and the atomic-nitrogen green line) have the same periods and relative depths of intensity modulation. All these variations are synchronous in phase, excluding a small delay in the case of the atomic-oxygen green line; this delay is completely explained by the half-second mean lifetime of the initial state of metastable oxygen atoms.

[1] Institute of Physics of the Atmosphere, Academy of Sciences of the U.S.S.R., Moscow, U.S.S.R.

All this indicates that the abovementioned auroral emissions are caused by collisional excitation of atmospheric molecules and atoms, either by incident corpuscules or by short-lived secondary electrons caused by the incident corpuscules. Had the auroral emissions appeared as a result of recombination processes of ions and electrons or of chemical reactions involving products formed during the corpuscular bombardment, then a considerable delay of tens of seconds should be observed, as well as a decrease in the depth of emission intensity modulation.

Auroral spectra are generally alike, differing mainly in the relative values of the atomic and molecular emission intensities. The extreme type of spectrum is the atomic spectrum, which occurs more often over low latitudes. This spectrum is overlapped by molecular bands to some degree. Variations in the spectra are well explained both by changes in the depth of corpuscular penetration and by changes in the scale height in the auroral region. Only two forbidden emissions exhibit anomalous behavior: the atomic-oxygen red line and the atomic-nitrogen green line, both having very low excitation potentials of about two electronvolts. Some times these lines have anomalously high intensities during the absence of any emissions with higher excitation potentials characteristic of the usual aurora. Thus the occurrence of such anomalous emissions cannot be caused by energetic corpuscules or by the short-lived energetic secondary electrons which they spawn; had these agents been the cause, emissions with a high excitation potential would have been unavoidable. Anomalous intensity of the abovementioned emissions may appear either as a result of some chemical reactions of ions, including recombination of molecular ions, or as a result of atom excitation by energetic thermal electrons of the ionosphere. The first case is possible only in the lower regions where the molecular concentrations are high. The second is possible at high altitudes were collisional deactivation of metastable states of oxygen and nitrogen atoms is insignificant and where the atmospheric composition is mainly atomic, and where, consequently, the occurrence of atomic spectra is most characteristic.

Auroras observed visually, photographically, and spectrographically are also characterized by the appearance of hydrogen emissions with wide Doppler contours, such contours convincingly testifying to the fact that the emission is created by fast hydrogen atoms. This emission as a rule precedes all the other auroral emissions. Its intensity is oscillatory. It is very typical that most of the recorded occurrences of such hydrogen emission coincide with the auroras having spectra of the atomic type. However, during some auroras, including those with atomic emissions, hydrogen emissions cannot be observed. The only possible source of excitation of such auroras is not-too-energetic electrons. Judging from their mean depth of penetration into the Earth's atmosphere, their energy has the value of several kev, not exceeding 10 kev in the main. Hydrogen emissions in auroral spectra are most satisfactorily explained by protons with energies of some hundreds of electron-volts.

Hydrogen emission occurs in vast regions of the sky up to a thousand and more kilometers in width. Up to the present, no convincing cases proving a connection of this emission with concentrated glowing auroral formations have been observed. Though the intensity of hydrogen emission is not great as compared with bright auroral emissions, nonetheless its total planetary energy integrated over vast areas is comparable with the power produced during auroras without this emission.

Areas of hydrogen emission were usually believed to be located in regions of lower latitude than the bright auroral formations without hydrogen emissions.

However, a comparison of the observations carried out a different stations shows that this is true only of high-latitude regions; an opposite picture is observed at lower latitudes. In Moscow, for example, auroras with wide hydrogen emission have never been observed in the magnetic zenith, while auroras without hydrogen emission have been observed repeatedly both in the magnetic zenith and south-ward. Thus, on the average, the area of electron irradiation is wider than the area of proton irradiation, the latter being located in the central portion of the former. This circumstance cannot be disregarded in any convincing hypothesis or theory of the aurora.

Most auroras recorded spectrographically occur at time periods with low planetary K-index. Their spectra at these times are mainly of the atomic type. During geomagnetic disturbances on a planetary scale, intense auroras spread to regions of lower latitude. Auroral phenomena covering large intervals of latitude are always accompanied by planetary geomagnetic disturbance.

Auroral morphology and dynamics are of great interest. As indicated above, bright, distinct formations occur superimposed upon a much more powerful, extensive, diffuse background of insignificant surface brightness. They tend to appear along geomagnetic parallels and to concentrate into groups of separate ray filaments located along geomagnetic force lines. Sometimes extended groups also make up loops and more complicated tortuous formations. Some rays are no more than a hundred meters in diameter and move along the group with the velocities reaching some tens of kilometers per second. Rapid auroral coruscations at times are observed with periods from some seconds to frac-tions of a second.

Sharply defined auroral formations are unstable. When very mobile sharply focused ray structures occur above the observation point, intense absorption occurs for cosmic radio-waves in the frequency region of tens of Mc/s. This in-dicates that hard electrons are generated during the occurrence of narrow rays. These electrons may penetrate to the ionospheric D-layer. X-radiation, generated by these electrons, may penetrate there as well. An increase of ionization in the D-layer leads to an increase of the absorption of the above-mentioned radio waves.

The enormous total planetary energy of visible auroral, and all the more so of the corpuscular streams causing the aurora, is highly striking [6]. As an illustration we shall consider two examples. On November 5, 1956, at 18 h. UT in Murmansk during half an hour when the universal K-index was approximately unity, an aurora was observed as a kind of repeatedly twisted spiral and diffuse glow covering an area approximately equal to 10^{16} cm^2 from the west horizon to 45° east of the zenith. The extent of the aurora beyond the west horizon is unknown. On the Earth's surface luminescence exceeding the luminescence from the full Moon was created by the aurora, i.e., the energy production was not less than 0.1 erg cm^{-2} sec^{-1}. Thus, in half an hour, energy exceeding 5×10^{20} erg was produced, which corresponds to more than 2×10^9 particles cm^{-2} sec^{-1}, assuming that the average energy of the incident electron flux was 10^4 ev. It is supposed that the coefficient of transformation of corpuscular energy into visible radiation was several tenths per cent.

On February 11, 1958, after midnight UT, one of the greatest auroras of the last few years occurred. The universal K-index reached 9. This aurora evidently involved not less that 50% of the Earth's surface. The power received at the sur-face from the glow was not less than 1 erg cm^{-2} sec^{-1}. This aurora lasted for several hours. Over America it could be observed longer than in our country. The brightness was nearly two orders of magnitude greater than for the one mentioned before. Thus, during this event energy production for one second in the Earth's atmosphere might have exceeded 10^{21} erg. In the case of electrons with energy of the order of 10^4 ev, this event corresponds to about 2×10^{10} particles $cm^{-2} sec^{-1}$, if the efficiency of their transformation into visible radiation was as mentioned above.

Since large energy production in the upper atmosphere during auroras seems to be inescapable, it is quite natural to expect an increase in temperature at high altitudes where the atmospheric density is not great. An increase in the width of the DOPPLER contour has been observed with an interferometer during an anomalous increase in the red emission of atomic oxygen at the time of intense auroras. This indicates that the temperature rises in the region where the emission occurs; temperatures up to $3,500°$ K have been recorded [7].

It is quite natural therefore to suppose that heating is accompanied by an increase in the scale height and an increase in circulation and mixing. All this is well confirmed by observations during intense auroras. Ascent of large quantities of nitrogen molecules upward leads to an increase in molecular nitrogen ions at high altitudes. These ions are easily observed beyond the Earth's shadow as a result of fluorescence, distinctly seen due to the well developed bands of high vibrational levels of molecular nitrogen ions [6]. Thus, for example, during the aurora of February 11, 1958, according to observations below $30°$ from the north horizon carried out in Zvenigorod for altitudes of 300 km, there were about 5×10^{11} ions cm^{-2} of molecular nitrogen along the line of sight. This corresponded approximately to several tens of thousands of ionized nitrogen molecules per cm^3 if the scale height was 10^7 cm. It must be remembered that the limit of sensitivity was about 5×10^8 ions cm^{-2}, and these ions were not observed under usual conditions. During the aurora over Zvenigorod on the night of November 4–5, 1958, the observed number of molecular nitrogen ions above the level of 500 km was nearly two orders of magnitude lower. Small accelerating fields may cause these ions to rush upward along magnetic field lines and lengthen the auroral rays in the sunlit part of the atmosphere beyond an altitude of 1,000 km. A lag in expansion and mixing in the upper atmosphere explains the observed delay of occurrence of emission of neutral and ionized nitrogen molecules after the appearance of the very first emissions of the auroras.

In recent years, now twilight emissions have been discovered [8], including the emission of atomic oxygen at about 8,446 Å. It appears as a result of fluorescence of oxygen atoms due to solar hydrogen Lyman-β radiation; consequently, it makes possible the observation of Lyman-β radiation at the Earth's surface without rockets or satellites.

However, the most important discovery is that of one of the most intense twilight emissions—helium 10,830 Å. It appears as a result of fluorescence of metastable atoms of orthohelium. Such atoms of orthohelium may occur as a result of collisions of thermal ionospheric electrons with metastable atoms of parahelium, which occur during cascade processes of deactivation of ordinary parahelium atoms that have absorbed hard ultraviolet solar radiation. The main and most effective source, however, is evidently the collision of ordinary parahelium atoms with electrons of 25-ev energy. Such electrons may exist above the F-layer as a result of accelerating processes, or of photoionization of atmospheric atoms and molecules by hard electromagnetic solar radiation, or of ionization of the same atmospheric components by energetic corpuscules. A considerable increase of helium emission during auroras testifies to the increase of corpuscular stream intensity at this time. All the above-mentioned mechanisms evidently function to some degree under normal conditions. The great importance of regular observation of helium emissions cannot be doubted. They enable us to observe radiation which was formerly observable only with apparatus installed on rockets and satellites.

Though the Sun emits protons and electrons of different energies in addition to electromagnetic radiation, nonetheless most of the particles exciting the upper atmosphere cannot be primary solar corpuscles. Due to the geomagnetic barrier, only solar protons of very high energies (greatly exceeding several Mev) may penetrate to the Earth's atmosphere, and even then only in near-polar regions where usually there are no intense auroras. The mechanism by which lower energy corpuscles reach the upper atmosphere at lower latitudes is not clear at the moment. It is quite possible that some of the observed corpuscles are moderate energy protons that have been neutralized in interplanetary space. However, the overwhelming portion of the corpuscular streams into the Earth's atmosphere evidently occur during the interaction between the ionized atmosphere present within the geomagnetic field and the ionized interplanetary medium, including its magnetic fields. Under these conditions, the energy may be transported from the outer regions to the inner by means of magnetohydrodynamic waves.

Probing of the upper atmosphere and interplanetary space with the help of apparatus mounted on rockets and satellites commenced a few years ago. First, American scientists used rockets to record modest fluxes of electrons and protons in the auroral regions at altitudes below 200 km [9, 10]. The results agreed with conclusions reached on the basis of ground observations. However, an interesting question remained concerning the existence of such corpuscles at higher levels. In 1958, with the help of the 3rd Soviet satellite, powerful fluxes of electrons with energies of about 10^4 ev (most characteristic for the aurora) were recorded at altitudes of 1,000 to 2,000 km [11]. Electrons and protons of different energies have since been recorded everywhere in the geomagnetic field [12].

Recently special attention has been drawn to very hard penetrating charged particles in radiation belt; these are highly dangerous from the point of view of astronavigation [12]. Charged particles trapped in the geomagnetic field perform a number of movements; around the force lines, along them, and drift around the Earth. Particles of very high energies, recorded with the help of GEIGER counters, are very long-lived, and during their life-time they perform an enormous number of rotations around the Earth; thus they create a radiation belt that is continuous in longitude. At first there was great hope that aurora might be considered as one of the stages of the radiation belt life-time. With this in mind, the signals of the Geiger counters were taken erroneously to be signals created by powerful electron fluxes characteristic for auroras. The error in this assumption was proved by later studies. Geiger counters used for the above-mentioned measurements could not record at all the electron fluxes with energies of the order of 10 Kev that were recorded by the apparatus mounted on the 3rd Soviet satellite [13]. It has also been stated that the intensity of streams of hard penetrating particles in the radiation belt decreases during auroras accompanied by geomagnetic disturbances, and recovers only a considerable time after their cessation [14].

The energy of corpuscles usually accumulating in the radiation belt cannot provide the visible radiation of actually occurring auroras even when they are weak. Neither can weak invisible auroras be caused by the precipitation of very energetic corpuscles out of the radiation belt, because the composition of the spectra of such auroras can be explained only by excitation by a low-energy mechanism. The above-mentioned ray structure of auroras and their tortuous contours and coruscation cannot be explained satisfactorily as the drift movement in a radiation belt. The observed lifetime of the most-energetic corpuscules causing auroras cannot exceed several minutes or tens of minutes. Therefore these corpuscules are lost without having completed even a small part of their drift around the Earth. Thus the most attractive assumption is that which we first proposed in 1958, that auroral corpuscules do not form a radiation belt around the Earth; instead, they form separate filaments along the geomagnetic field lines [15].

There has been a tendency prevalent lately to assume that there are several radiation belts around the Earth. However, all this is to a considerable degree based on data characterized by individual instrument selectivity. At a distance of 10 Earth radii, electrons with energies of several hundreds of electron volts have been observed [16]. Attempts to identify this region as the outermost radiation belt and connected with the auroral zone cause serious doubts. The flux of such electrons is not great enough to agree with the enormous energy emitted during auroras. It is more likely that a transition zone between the geomagnetic field and the interplanetary medium (or solar wind) exists at this distance from the Earth. In this case, the observed electrons may be considered as something generated during the interaction of the interplanetary medium with the geomagnetic field. They may belong to the interplanetary medium but not to the ionized atmosphere moving in interplanetary space along with the Earth.

In spite of the successes achieved in recent years in the study of corpuscules in the upper atmosphere, there is much still to be explained. The greatest gaps in our knowledge fall in the region of the mechanism energizing telluric corpuscules or the mechanism of penetration from interplanetary space into the lower atmosphere. There is no doubt that, as a result of further researches, we shall be able to find an answer to the still unsolved questions.

References

1. J. W. CHAMBERLAIN, Physics of the Aurora and Airglow. New York and London: Academic Press, 1961.
2. V. I. KRASSOVSKY, Planet. Space Sci. 8, 125 (1961).
3. Y. I. GALPERIN, Planet. Space Sci. 10, 187 (1963).
4. D. BARBIER, Ann. Geophys. 16, 544 (1960).
5. E. F. ROACH and E. A. MARIVICH, J. Res. NBS D63, 297 (1959).
6. V. I. KRASSOVSKY, Space Research 4, 96 (1963).
7. T. M. MULYARCHIK and P. V. SHCHEGLOV, Planet. Space Sci. 10, 215 (1963).
8. N. N. SHEFOV, Planet. Space Sci. 10, 73 (1963).
9. J. A. VAN ALLEN, I.G.Y. Rocket Report Series, U.S.A., No. 1, p. 159, 1958.
10. C. E. MCILLWAIN, J. Geophys. Res. 65, No. 9 (1960).
11. V. I. KRASSOVSKY, I. S. SHKLOVSKY, Y. I. GALPERIN, E. M. SVETLITSKY, YU. M. KUSHNIR and G. A. BORDOVSKY, Isk. Sputn. Zemli, Acad. Sci. U.S.S.R., No. 6, p. 113, 1961. Translation in Planet. Space Sci. 9, 77 (1962).
12. B. J. O'BRIEN, Space Sci. Rev. 1, 415 (1963).
13. B. J. O'BRIEN, J. A. VAN ALLEN, C. D. LAUGHLIN and L. A. FRANK, J. Geophys. Res. 67, 397 (1962).
14. R. A. HOFFMAN, R. L. ARNOLDY and J. R. WINKLER, J. Geophys. Res. 67, 4543 (1962).
15. V. I. KRASSOVSKY, Planet. Space Sci. 1, 14 (1959).
16. K. I. GRINGAUS, V. G. KURT, V. I. MOROZ and I. S. SHKLOVSKY, Isk. Sputn. Zemli, Acad. Sci. U.R.S.S., No 6, p. 108, 1961. Translation in Planet. Space Sci. 9, 21 (1962).

High Energy Radiation Near the Earth

By

S. F. Singer[1]

(With 20 Figures)

Terminology

It is well to have a term which specifically denotes the solar high-energy particles, in contradistinction to the galactic cosmic rays and the low-energy particles which come from the sun and which are responsible for the aurora, magnetic storms and so forth. A term for solar highenergy particles, which is currently being used by such people as NEHER, GOLD, KELLOGG and WINCKLER, is the SHEP. As SHEPs consist mainly of protons, this terminology might also stand for "solar high-energy proton." To be specific, however, we usually speak of SHEP-protons, SHEP-alphas, etc.

My discussion will be limited to protons above 80 Mev; that is, both the radiation belt protons and the SHEP-protons. These high-energy protons are of primary importance to the problem of the biological effects of radiation. Lesser particles also ionize, but a few grams per square centimeter of shielding thickness are required to stop these particles. Protons having energies of more than 100 Mev, however, require about 10 gm/cm² of shielding.

If the unidirectional flux of protons with energies greater than 80 Mev is 10 particles/cm² sec, the energy deposited in a cubic centimeter of tissue will be 20 ev/sec. The energy flux will be 0.2 ergs/cm² sec, and the exposure will be 0.1 roentgen per hour. These conversion factors, although only approximations, are useful in obtaining rough estimates.

Trapped Particles

Fig. 1 shows the orbit of two charged particles in the earth's magnetic field. One has a very large pitch angle in the equatorial plane. This particle mirrors somewhere outside the atmosphere and therefore can turn around and be bounced back and forth; it is essentially trapped in the earth's magnetic field. The other particle has a small pitch angle in the equatorial plane and would also mirror eventually. However, before it reaches its mirror point, it penetrates the dense atmosphere of the earth and becomes lost.

No particle is trapped forever, of course, since all particles have a finite lifetime. The lifetime of the protons of interest here is determined primarily by the remaining atmosphere; it is roughly inversely proportional to the density and therefore increases with altitude. It is the integrated effect, however, which

[1] Director, National Weather Satellite Center, U.S. Weather Bureau, Washington, D.C., U.S.A.; present address: University of Miami, Coral Gables, Florida, U.S.A.

eventually sets a limit to the lifetime. The lifetime of a particle is stated in an arbitrary way. For example, lifetime may be defined as the time it takes a 100-Mev proton to be reduced to 10 Mev. At 10 Mev, protons become difficult to detect; so this is a useful threshold.

The high-energy protons are usually trapped close to the equator. Most trapped particles in the magnetosphere out to about ten earth radii are low-energy electrons and protons. A particle coming from the sun will be deflected by the magnetic field and turned around, but it will not be trapped. Low-energy

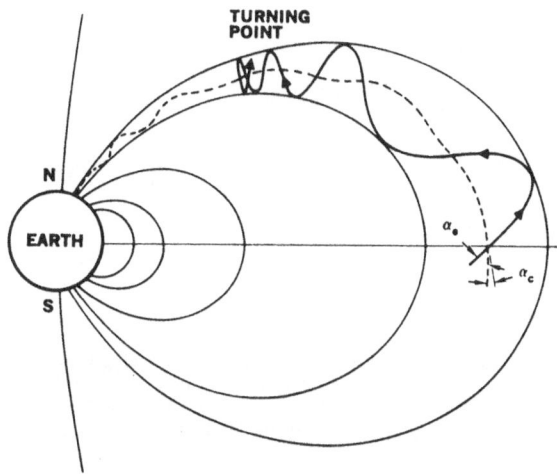

Fig. 1. Path of a trapped particle in the geomagnetic field. If the pitch angle of the particle is sufficiently small, the particle will penetrate the atmosphere but will not become trapped for a long time

particles which hit in the equatorial plane are turned away. Those that come in at higher latitudes can enter the earth's atmosphere, but they still are not trapped. To have a particle become trapped, it must enter the earth's magnetic field. (It is sometimes introduced by a neutron which, being neutral, is unaffected by the field.)

As indicated in Fig. 1, there is a region near the magnetic poles which is open to particles coming from infinity. This explains why SHEPs are detected only at high polar latitudes close to the earth. They produce the polar cap absorption (PCA) events. Outside the earth's magnetic field, SHEPs occur everywhere-on the equatorial plane, off the equatorial plane and along the polar axis. Of course, we know little about their general distribution in interplanetary space.

Fig. 2 is a conventional drawing of the Van Allen belts. Although it was made with some imagination and guesswork, it is remarkably correct in the intensity contours at low altitudes near the equator. The data were obtained with Geiger counters in 1958. Because Geiger counters will measure everything including protons, electrons and x-rays, however, it is difficult to distinguish the effects and to make quantitative predictions except for counting rates.

To evaluate the effects on shielding and on human beings inside shielded space capsules, one must know the energy spectrum of the particles of radiation. Data given in Fig. 2 were acceptable as exploratory measurements, although for true accuracy, one needs detailed measurements. In 1959, Freden, White and others were able to obtain these, using nuclear emulsions [1].

Neutron-Albedo Theory

One mechanism for injecting particles into trapped orbits was proposed in 1958 when the high flux of radiation was first discovered. At the time, it did not seem possible to explain this high flux by solar injection. The method, which was named the neutron-albedo mechanism, operates as follows. Primary galactic

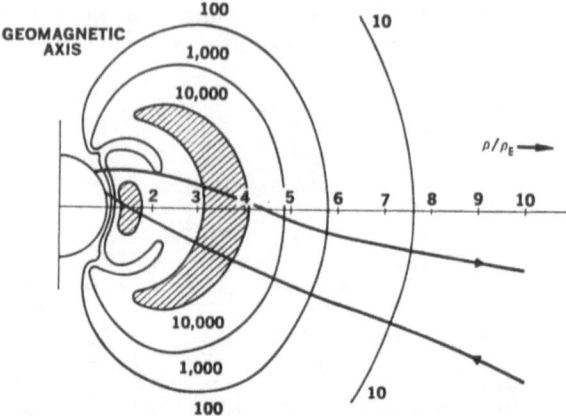

Fig. 2. Artist's concept of the VAN ALLEN radiation belts. This drawing is misleading in that the intensities depend very much on the method of observation and the types of instruments used. In general, highly penetrating particles are in the region between one and two earth radii. Beyond two earth radii, the particles are quite soft

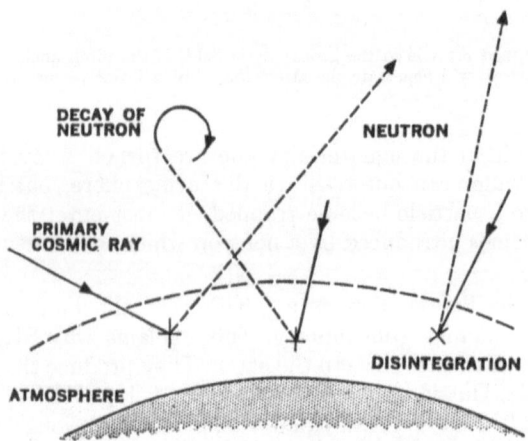

Fig. 3. Injection of particles into a trapped orbit. Primary cosmic rays release energetic neutrons through nuclear disintegration in the atmosphere. Some of the upward travelling albedo neutrons decay and release their energy to the resulting proton

cosmic rays enter the atmosphere and produce an explosion of the nucleus, which is broken up into small parts—protons, neutrons, etc. Some of the neutrons escape in an upward direction, with a small fraction of them decaying to produce a proton and an electron (Fig. 3).

On the basis of our present knowledge, the neutron-albedo theory explains all of the observations of high-energy protons. This is important because, if some of these protons are removed in various ways, one needs to know the replenishment mechanism to determine how quickly they will return.

Fig. 4 shows the energy spectrum of the neutrons as they emerge from the atmosphere. The protons which result from their decay will have the same energy

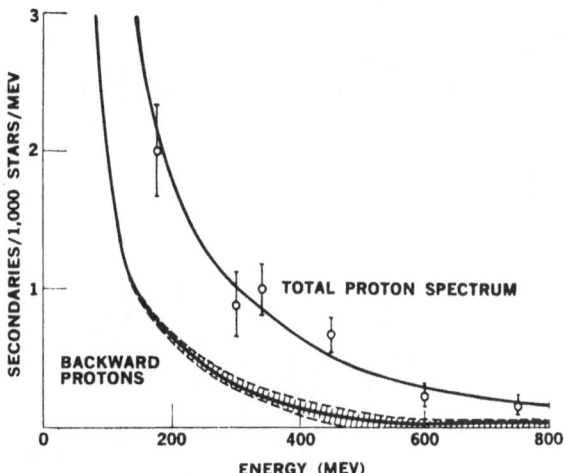

Fig. 4. Energy spectrum of neutrons emerging from the atmosphere. Values are calculated using the basic data of U. CAMERINI et al., Nuclear Transmutations Produced by Cosmic Ray Particles of Great Energy. Philos. Mag. **41**, 413 (1950). The graph actually shows the energy spectrum of albedo protons; however, the neutron spectrum should be quite similar

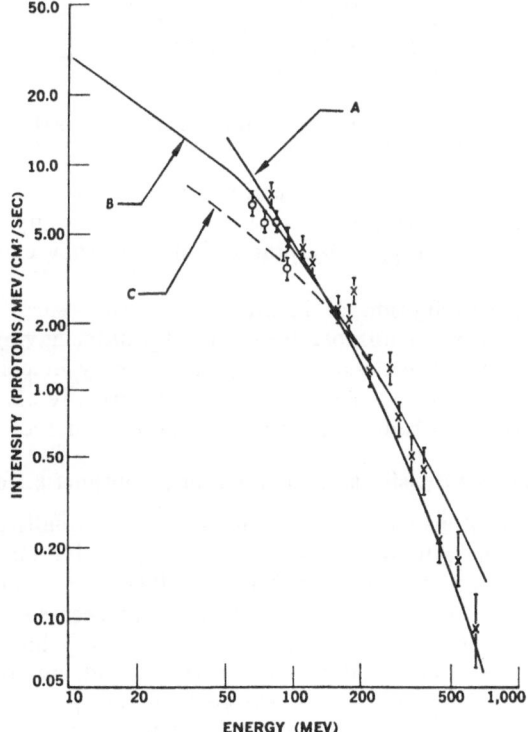

Fig. 5. Measured and calculated spectrum for trapped particles. Spectrum *A* is calculated from the theory of LENCHEK and SINGER. The measured spectra are based on data from S. C. FREDEN and R. S. WHITE, Particle Fluxes in the Inner Radiation Belt. J. Geophys. Res. **65**, 1377—1383 (1960)

spectrum. Most of them will have energies below 300 to 400 Mev, with very few above 400 Mev. As particles with 400 Mev have long lifetimes, the high-energy particles are enhanced in the spectrum of the equilibrium or trapped radiation. The spectrum of the trapped particles is therefore quite different from the spectrum of the neutrons which produce the trapped particles.

By way of comparison, Fig. 5 shows the calculated spectrum and measurements for trapped particles. The agreement is quite remarkable when one considers that the calculations were made a priori on the basis of our knowledge of cosmic rays, cosmic-ray reactions and the neutron-albedo theory.

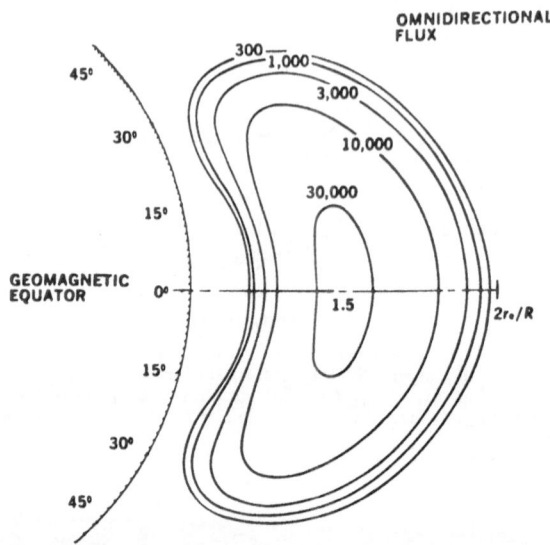

Fig. 6. Calculated distribution of high-energy protons in the earth's atmosphere. The omnidirectional flux is given directly in absolute units as the number of particles/cm² sec

It is interesting to note that the trapped protons have energies as high as 700 Mev, which is of the order of normal cosmic-ray intensity. Protons at these high energies cannot be stopped by practical shields; they can only be slightly attenuated.

The calculated distribution of high-energy protons surrounding the earth is given in Fig. 6. This is the number or density of protons having energies greater than 75 Mev. The omnidirectional flux is given directly in particles per square centimeter per second and is calculated from the normally observed cosmic-ray intensity, using the neutron-albedo theory and a model of the atmosphere.

Radiation Intensity as a Function of Atmospheric Density

The number of protons increases to a maximum near an altitude of 2,000 miles because the atmosphere becomes less dense, particles live longer, and more of them will be conserved. The decrease beyond 2,000 miles is because the radius of curvature of these particles in the magnetic field becomes so large that the magnetic field can no longer hold them. Therefore, the high-energy particles will be lost first, then the medium-energy particles and, finally, the low-energy particles. At almost zero intensity, as shown in Fig. 6, particles of 75 Mev will be lost. As yet, this has not been checked experimentally, so it is only a theoretical supposition. (In fact, the intensities in the center of the radiation belt have only recently been measured, but with a low degree of accuracy.) Spot measurements seem to support the theoretical calculations. Moreover, the energy spectrum in Fig. 5 is in perfect agreement with the calculation, which gives us some degree of confidence.

Fig. 7 is a profile in the equatorial plane which shows the omnidirectional intensity of energies greater than 30 Mev and energies greater than 75 Mev. The intensities for lower energy particles are located much further out. Again, this is because the high-energy particles are removed first, due to the imperfect trapping in the magnetic field.

Large amounts of dangerous radiation from very high energy protons are present at about 1.5 earth radii or 2,000 miles altitude. Between 2,000 and

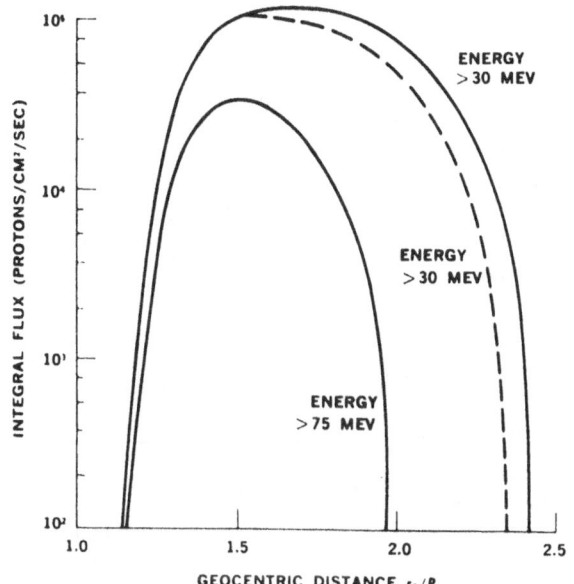

Fig. 7. Directional integral flux in the equatorial plane (theoretical)

4,000 miles, the radiation will be generally less intense and can be shielded much more easily. Beyond 4,000 miles, the radiation is so light that a practical shield will be sufficient protection against the remaining protons.

An explanation is required to account for the rise of proton intensity up to a 2,000-mile altitude. As mentioned before, this is due to decreased density of the atmosphere. The distribution of density in the magnetosphere is shown in Fig. 8. The distribution of various components, such as oxygen, are plotted as a function of the distance from the center of the earth. The density of atomic oxygen is reduced very rapidly at a scale height of about 90 km. Neutral hydrogen falls off much more slowly and eventually becomes more important than atomic oxygen. Ionized oxygen falls off more slowly than neutral oxygen because it has twice the scale height of neutral oxygen. (The newly discovered helium and He$^+$ probably predominate up to about 3,000 km, before H$^+$ takes over.)

The total density, which is the combined density of all the components, undergoes a sharp break at 1,200 to 1,500 km. This transition altitude in the magnetosphere or exosphere was predicted some time ago; it should be reflected in the intensity of the radiation belt. As shown in Fig. 9, the intensity of the radiation belt increases with altitude. The intensity becomes appreciable near the base of the exosphere (about 500 km) and increases very sharply as the atmospheric density decreases. Above the transition altitude, the intensity increases much more slowly. This is additional evidence to support the theory that the intensity of trapped radiation is determined by atmospheric density.

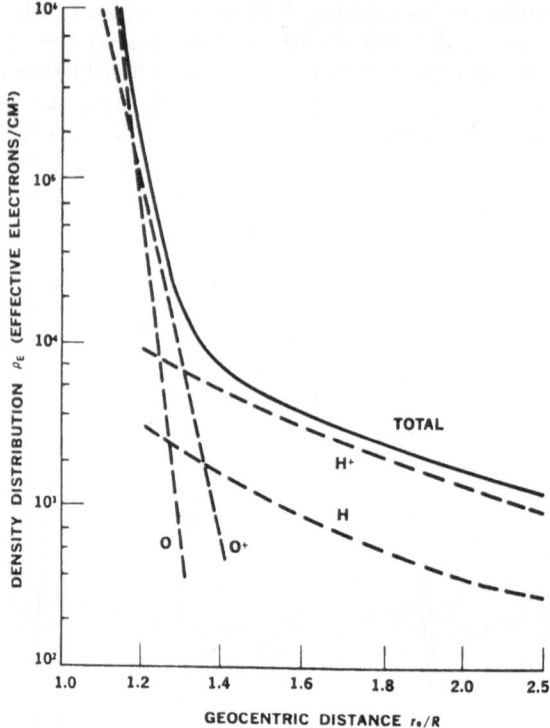

Fig. 8. Model of the density of the earth's atmosphere

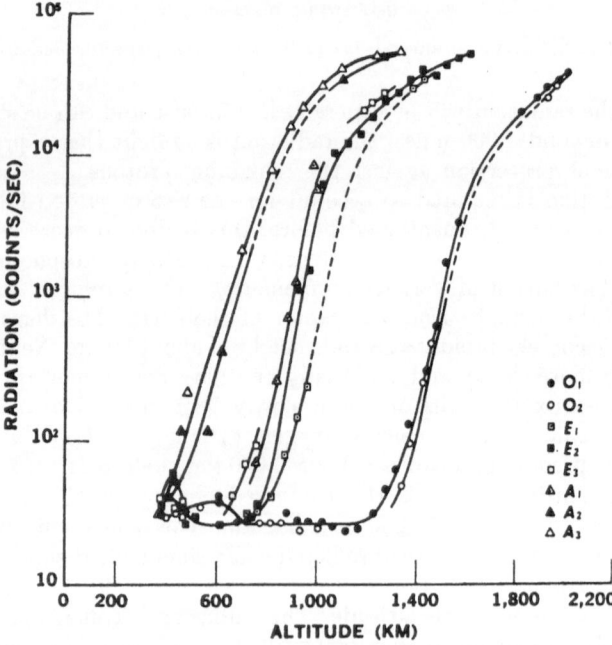

Fig. 9. Intensity of trapped particles as a function of altitude. From S. Yoshida et al., Distribution of Trapped Radiation in the Geomagnetic Field. J. Geophys. Res. 65, 807—813 (1960). The curve on the far left should be compared directly with the inverse curve of the atmospheric density. It can be seen that the break in the slope occurs at about the same altitude (i. e., 1,200 km)

If this is true, a trapped high-energy particle could have a lifetime of even 100 years. It would also mean that the injection rate is extremely feeble. The

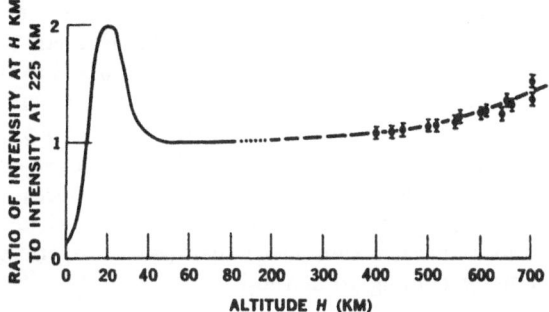

Fig. 10. Intensity of particles as a function of altitude as measured in Sputnik II. From S. N. VERNOV et al., Study of Terrestrial Corpuscular Radiation and Cosmic Rays during the Flight of a Cosmic Rocket. Soviet Phys. Doklady 4, 338—342 (1959)

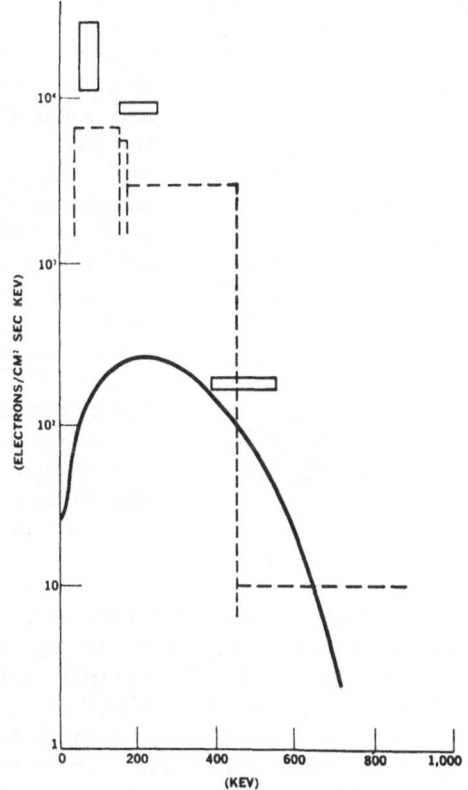

Fig. 11. Comparison of the measured energy spectrum of electrons and the spectrum calculated from the neutron-albedo theory. Data indicated by rectangular boxes are from M. WALT et al., Energy Spectra and Altitude Dependence of Electrons Trapped in Earth's Magnetic Field. Space Research, edited by H. KALLMANN-BYL, pp. 751—796. Amsterdam: North-Holland Publ. Co., 1960. Data indicated by a dashed line are from F. E. HOLLY et al., Radiation Measurements to 1,500 Kilometers Altitude at Equatorial Latitude. J. Geophys. Res. 66, 1629—1639 (1961)

injection rate from the neutron-albedo mechanism results in one neutron decay per cubic centimeter every 3 million years near the earth's equator.

Fig. 10, which is based on the published Russian data from Sputnik II, shows the cosmic-ray intensity as a function of altitude. These data were determined with a Geiger counter. The sharp increase in intensity at 500 km is due to the trapped radiation which, for some reason, went unnoticed. Sputnik II had an orbital inclination of 63 degrees, and so its perigee remained unchanged in the orbit and was over Russia all the time. The Russian receiving stations could therefore observe only the region up to 700 km. However, the satellite reached an altitude of 2,000 km over Australia and was recorded there.

The highest electron energy from neutron decay is about 780 Kev. Fig. 11 gives an idea of the poor agreement between the calculated and the measured spectrum for trapped electrons resulting from neutron decay. It indicates the presence of another very powerful source of trapped electrons. This source is assumed to be a local acceleration mechanism which operates in the earth's exosphere, with energy coming from the sun.

Trapped Particles from SHEPs

As discussed here, the neutron-albedo theory applies to neutrons produced by galactic cosmic rays. But the SHEPs produced after a solar flare enter the earth's atmosphere at the polar caps and also produce neutrons. These neutrons move out from the polar cap, and some of them decay along the way. One such decay, shown in Fig. 12, yields a proton which travels in the same direction until it is guided by the magnetic field and passes into the atmosphere. A neutron decaying at another point produces a proton which remains trapped.

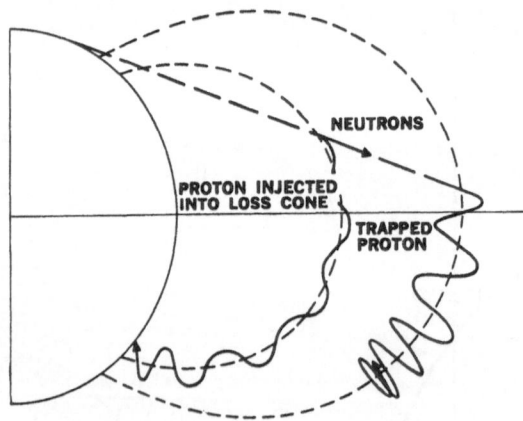

Fig. 12. Injection of trapped particles from polar neutrons produced by the flux of solar high-energy particles

The SHEP intensity is much larger than the normal intensity of galactic cosmic rays. A large number of neutrons are produced and come out of the polar cap, but very few yield protons that remain trapped. The injection efficiency is low because of the geometry and because the neutrons come from the polar cap. If they came from the equator, the injection efficiency would be higher by a factor of 10. The region near the equator is protected so that neutrons cannot enter this region and deposit a proton. Therefore, protons from SHEP events would be expected to occur only on lines of force which connect to intermediate latitudes.

Observations by Naugle and Kniffen are given in Fig. 13, which shows one spectrum on a high line of force (1.8 earth radii) and another energy spectrum on a low line of force (1.5 earth radii). Note the drastic change in the energy spectrum with many low-energy protons appearing on the high line of force. These data were obtained a few days after a solar flare. The protons are therefore newly injected; i.e., the sun emits SHEPs which come in at the polar cap and release neutrons. The neutrons, in turn, decay and release the low-energy protons that are recorded here.

Fig. 14 shows how these protons are released. The normal radiation belt has a maximum proton distribution on the equatorial plane, but this is not true of the SHEP events. The trapped protons from SHEP events have two maxima off the equatorial plane (Fig. 14). After some time, these maxima move toward

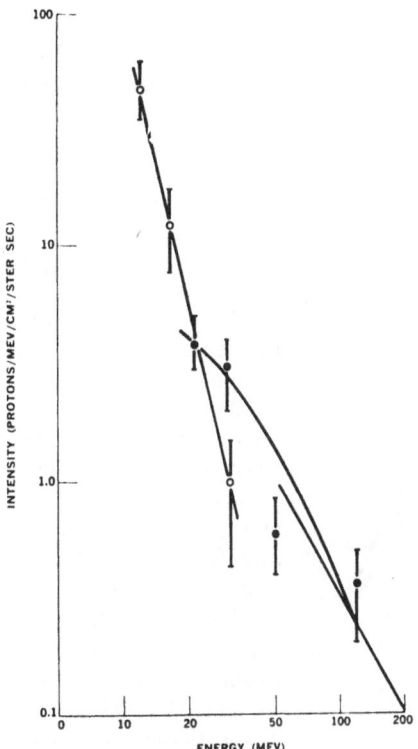

Fig. 13. Experimental evidence for the existence of trapped protons injected through polar neutrons. Open circles: $r_e = 1.8\ R$; full circles: $r_e = 1.5\ R$; ——— theoretical. From J. E. NAUGLE and D. A. KNIF-FEN, The Flux and Energy Spectra of the Protons in the Inner VAN ALLEN Belt. Phys. Rev. Letters 7, 3—6 (1961). Because of the shielding effect of the earth, these protons would be observed only on lines of force extending to higher altitudes

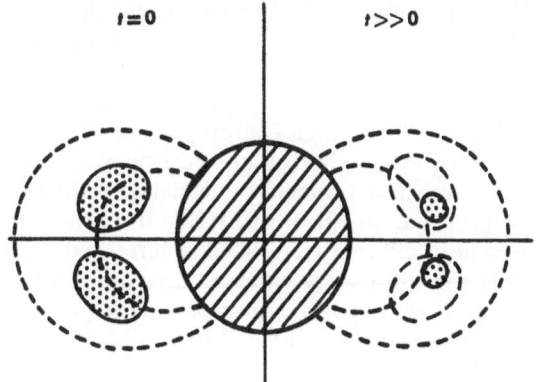

Fig. 14. Maxima of trapped protons from SHEP events

the equatorial plane, but there will always be a minimum in that plane. At present, these are only theoretical predictions to indicate proton distribution following a solar flare. The energy spectrum decays for such SHEP events are given in Fig. 15. The initial energy spectrum is extremely rich in low-energy protons from 10 to 100 Mev. After a very short time, the low-energy particles become depleted, while the 100-Mev protons decrease more gradually.

A description of the energy spectrum, spatial distribution, solar events and other radiation characteristics was published in the April (1961) issue of the Journal of Geophysical Research [2]. Similar data on electrons was published in the Journal last December [3] and a general review of the origin and nature of radiation belts is given in "Progress in Cosmic-Ray Physics", published by North Holland [4].

Magnitude of SHEP Intensity

A compilation by D. K. Bailey, which appeared in a recent issue of the Journal of Geophysical Research [5], is presented in Fig. 16. It shows the integral energy spectrum from one Mev to 1,000 Mev and the number of SHEPs with energies in a specific range. Spectrum A, which is extremely strong, is for the February 1956 SHEP event. Spectra J and K for the November 1960 events are almost as strong.

The radiation belt proton spectrum N is much higher in intensity than that for SHEP events, but the trapped radiation is restricted in space. The SHEPs, on the other hand, cover a large portion of interplanetary space, including cislunar space which is of primary interest in Project Apollo. Also indicated in Fig. 16 is the galactic cosmic-ray spectrum during solar maximum (L) and minimum (M).

Fig. 17 shows the typical development of a SHEP event. Immediately after the particles arrive, they are usually rich in high-energy particles and contain only a few low-energy particles. After some time, the number of high-energy particles decreases, and the number of low-energy particles quickly increases. In this instance, the number of low-energy particles reached a maximum within 32 hours due to the propagation effects of SHEPs from the sun. The high-energy particles are more rapidly diffused from lines of force and are the first to arrive near the earth, while the low-energy particles arrive much later. Also indicated in Fig. 17 is the range of these protons in grams per square centimeter and the geomagnetic cut-off latitude above which they are able to enter.

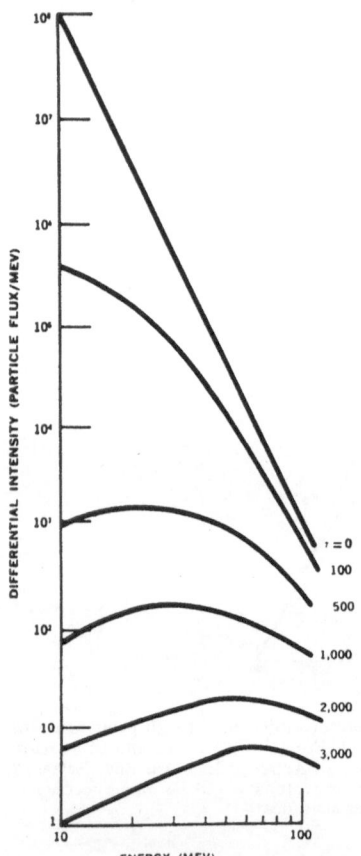

Fig. 15. Time development of energy spectrum for impulsive injection, assuming an initial spectrum E^{-5}. Note that the time scale depends on the mean atmospheric density ϱ through $\tau = 7.7 \times 10^{-12} \varrho t$

Data on the 12 November 1960 Solar Event

One particular solar cosmic-ray event, which took place on 12 November 1960, has been analyzed by A. J. Masley and A. D. Goedeke. The event was recorded by the Discoverer and Explorer satellites, by three NASA rockets at Fort Churchill, by balloons and by riometers. All of these data have been taken into account in the MASLEY-GOEDEKE analysis. Fig. 18 illustrates the event as recorded on a neutron monitor at sea level in Canada. Although the neutron monitor detects

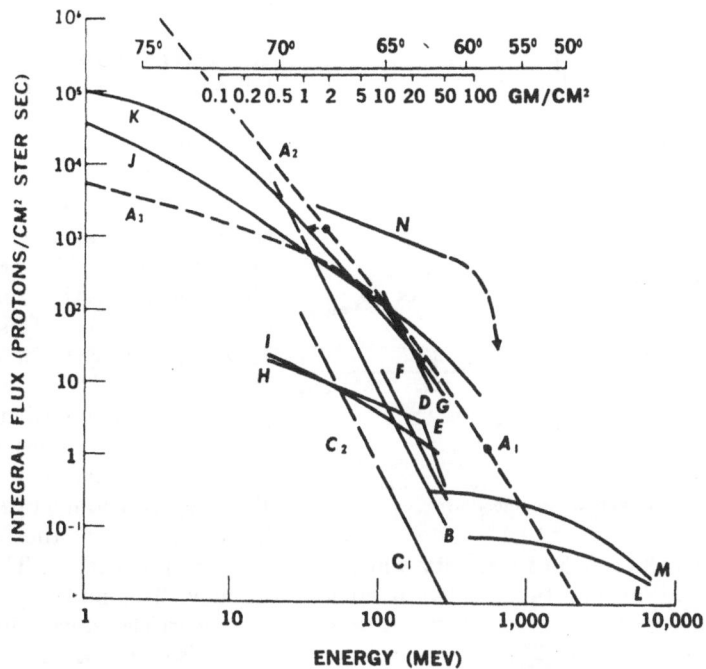

Fig. 16. Integral energy spectrum of protons in SHEP events, trapped protons and galactic cosmic rays

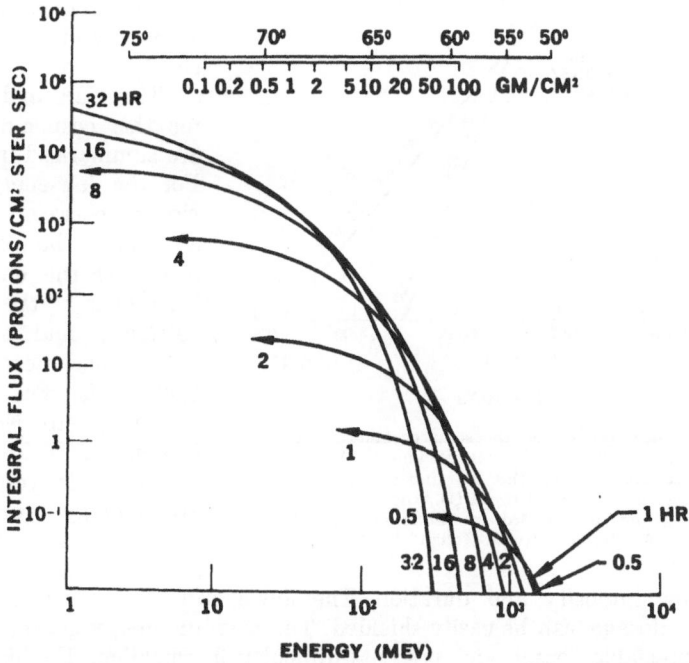

Fig. 17. Typical development of a SHEP event indicating change in spectrum as a function of time. From D. K. BAILEY, Time Variations of the Energy Spectrum of Solar Cosmic Rays in Relation to the Radiation Hazard in Space. J. Geophys. Res. 67, 391—396 (1962)

secondary effects produced in the overlying atmosphere, it is quite insensitive
to protons below about 500 Mev. Note the rapid rise in proton flux which occurred

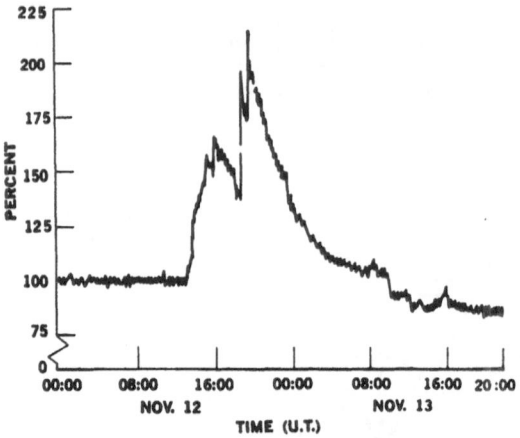

shortly after the solar flare.
Another rise resulted because
of a second event, and this was
followed by a gradual decay
lasting a few hours. The decay
was much slower for the low-
energy protons.

In Fig. 19, the proton spectrum for this event is divided
into three parts. The first is the
high-energy portion or about
400 Mev to 6 Bev. This is what
could be observed, for example,
at sea level. The high-energy
particles arrive immediately after
the flare. Their intensity is low,
and they decay very quickly.
With regard to integrated doses,
however, it is the duration

Fig. 18. Deep River neutron monitor readings during the
12 November 1960 solar event. From H. Carmichael,
Private communication

rather than the absolute intensity which is of primary importance. The second
group shown in Fig. 19 is between 80 and 440 Mev. The intensity of these

particles starts much later,
rises to a much higher
value and then decays
after a few days. The third
group is between 30 and
80 Mev and decays more
slowly.

The flux and dosages
for this cosmic-ray event
are summarized in Table I.
For the low-energy group
No. 1 between 30 and
80 Mev, the integrated
flux over the entire time
interval is of the order of
$10^{10}/cm^2$, and the integrated space dose is about
1,800 rads. For medium-
energy group No. 2, the
flux and dose are $10^8/cm^2$
and 62 rads, respectively.
High-energy group No. 3
has an integrated dose of
only 0.1 rad because of

Fig. 19. Space flux profile for the solar cosmic-ray event of
12 November 1960. From A. J. Masley and A. D. Goedeke,
Complete Dose Analysis of the November 12, 1960 Solar
Cosmic-Ray Event. Douglas Aircraft Co., Inc. 1372, p. 8, 1962.
Also in: Proceedings of the 3rd International Space Science
Symposium. Amsterdam: North-Holland Publ. Co., 1963

its very low intensity and duration. The low-energy group, which contains
most of the dosage, can be easily shielded. The medium-energy group, however,
has an appreciable dosage and presents difficulty in shielding. The high-energy
group cannot be shielded, from a practical point of view, but its effect is
negligible.

Table I.

Flux and Dose per Energy Group for the Solar Cosmic-ray Event of 12 November 1960[1]

Solar proton energy group	Integrated space flux (particles/cm²)	Integrated space dose (rads)
Group 1 (30 < E < 80 Mev)	8.45×10^9	1,790
Group 2 (80 < E < 440 Mev)	6.00×10^8	62
Group 3 (440 < E < 6 Bev)	3.50×10^6	0.11
Total	9.10×10^9	1,852

[1] From A. J. MASLEY and A. D. GOEDEKE, Complete Dose Analysis of the November 12, 1960 Solar Cosmic-Ray Event. Douglas Aircraft Co., Inc. 1372, p. 15, 1962. Also in: Proceedings of the 3rd International Space Science Symposium. Amsterdam: North-Holland Publ. Co., 1963.

The dosage rate as a function of shielding thickness is detailed more specifically in Fig. 20. With no shielding, the dose rate in space is 1,800 rads. With only minor shielding, there is slight increase up to about 2,500 rads with secondary

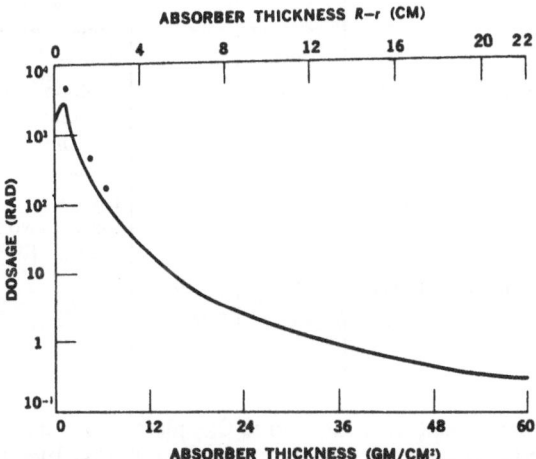

Fig. 20. Dose rate versus aluminum absorber thickness. ● More exact dose method. From A. J. MASLEY and A. D. GOEDEKE, Complete Dose Analysis of the November 12, 1960 Solar Cosmic-Ray Event. Douglas Aircraft Co., Inc. 1372, p. 22, 1962. Also in: Proceedings of the 3rd International Space Science Symposium. Amsterdam: North-Holland Publ. Co., 1963

effects. With a shielding thickness of about 10 gm/cm² of aluminum, however, the dose rate is reduced to 100 rads. With slightly more shielding, the dose rate is only about 10 rads or less, and the effect is rapidly diminished.

Table II is a compilation of data on several larger solar events. The 1,852-rad space dosage for the November 1960 event can be easily reduced by more shielding. The largest event probably occurred on 14 July 1959 and produced 30,000 rads. Again, shielding would help, but because the energy spectrum is not well known, a detailed analysis similar to that for the November 1960 event cannot be made.

Table II. *Average Energy and Dose for Several Events, Galactic Cosmic Rays and the Inner Van Allen Zone*[1]

Solar event		Average energy (Mev)	Integrated dose (rads)	Remarks
Date	Type			
2/23/56	Class 3 + solar flare	370	40—80	No spectrum information below 1 Bev was available for the first 19 hr.
7/14/59	Class 3 + solar flare	46	30,000	Three events occurred during a 6-day period which is typical for large solar cosmic-ray events. Dose value is for the upper limit of the time extrapolation.
5/12/59	Class 3 + solar flare	38	700	First 11 hr were extrapolated from riometer data.
4/1/60	Class 3 + solar flare	40	0.007	Event was well observed (*e.g.*, Pioneer V, balloons, satellites and riometers).
11/12/60	Class 3 + solar flare	50	1,850	Three events occurred during this period (11/12, 11/16 and 11/20). The first event was well observed; emulsions detected heavy particles.
7/18/61	Class 3 + solar flare	50	80	Balloon observations were conducted simultaneously at Ft. Churchill and Minneapolis.
Continuous for 1-yr period	Galactic cosmic rays	4,000	5	Intensity varies by a factor of two and is inversely related to sunspot activity.
Passage through VAN ALLEN belt (1 hr)	Trapped radiation	144	6	

[1] From A. J. MASLEY and A. D. GOEDEKE, Complete Dose Analysis of the November 12, 1960 Solar Cosmic-Ray Event. Douglas Aircraft Co., Inc. 1372, p. 23, 1962. Also in: Proceedings of the 3rd International Space Science Symposium. Amsterdam: North-Holland Publ. Co., 1963.

References

1. S. C. FREDEN and R. S. WHITE, Particle Fluxes in the Inner Radiation Belt. J. Geophys. Res. 65, 1377-83 (1960).
2. A. M. LENCHEK and S. F. SINGER, Geomagnetically Trapped Protons from Cosmic-Ray Albedo Neutrons. J. Geophys. Res. 67, 1263-87 (1962).
3. A. M. LENCHEK et al., Geomagnetically Trapped Electrons from Cosmic-Ray Neutrons. J. Geophys. Res. 66, 4027-46 (1961).
4. S. F. SINGER and A. M. LENCHEK, Geomagnetically Trapped Radiation. Progress in Elementary Particle and Cosmic-Ray Physics, edited by J. G. WILSON and S. A. WOUTHUYSEN, Vol. 6, p. 247-385. Amsterdam: North Holland Publ. Co., 1962.
5. D. K. BAILEY, Time Variations of the Energy Spectrum of Solar Cosmic Rays in Relation to the Radiation Hazard in Space. J. Geophys. Res. 67, 391-96 (1962).